新手父母

視知覺專注力遊戲❷

45個 紙上運動遊戲

讓孩子 更專注 更協調 更具空間感

專業職能治療師・OFun遊戲教育團隊

柯冠伶、陳怡潔、陳姿羽、曾威舜 ◎合著

Part 1　拳擊／跆拳道 ／柯冠伶 ———— **20**

Part 2　水上遊戲 ／陳姿羽 ———— **32**

〔推薦序1〕
玩，是孩子的天性也是本能！

楊翠芬 臺北榮民總醫院復健醫學部資深顧問醫師

　　身體動作能力與日常生活能力的建立、人際互動的練習，孩子都是透過玩來學習經驗，並且和這個世界進行交流。

　　家長的陪伴和引導是讓孩子能玩得更好、發展更廣的元素。藉由親子同樂，可以讓彼此間的互動更加緊密，也能讓爸爸媽媽更瞭解孩子。

　　視知覺的發展在孩子的成長過程中是很重要的一環，不僅影響孩子玩的品質，也會影響未來在學業上的表現。本書作者結合職能治療師的專業與世界時事的連結，帶入有趣的紙本活動，不僅讓孩子瞭解各種不同的奧運賽事及項目，也從中練習到視知覺的相關能力。

　　跟著書中的難易度分級及引導小策略，相信各位家長可以很簡單上手，也很輕鬆的與孩子一起同樂！

〔推薦序 2〕

從玩中幫助孩子發展各項技巧

職能治療師 OT 莉莉 · OT 莉莉當媽媽 治療師團隊

　　作為一個職能治療師，OT 莉莉一直都覺得「玩」是一件很重要的事情，不但是生活品質中很重要的一環，更是孩子在發展過程當中，最重要的一件工作。

　　因為在有品質的「玩」當中，孩子們可以很全面性地練習並發展各項技巧，例如視知覺的功能、粗大動作、動作協調或是精細動作、雙側協調等具體可見的動作技巧；而在看不到的心理發展層面，更是一大重要的歷程，OT 莉莉一直在自己的粉絲專業，或是各大母嬰、教養雜誌媒體的邀稿上，不斷地在跟大家強調的「自我效能感」，也是從「玩」作為基礎而發展的，比如像是我們現在很重視的情緒教育、人際互動發展、自我實現等概念，其實都是要從小時候「玩的經驗」開始逐漸累積。

　　而長年的臨床經驗，我們也發現，有很多的小孩，以至於大人，已經不能夠好好地享受純粹「玩」這件事了，這讓這個世代的人們，直接或間接地減少了練習很多技巧的機會。

　　好在，OFun 職能治療師團隊一直持續在關注有品質的玩這件事，在近年熱絡的共融公園的建設上，一直以職能治療師的身分，提供專業的角度為台灣的孩子營造一個安全、有品質的遊戲建議。

　　作為一個常在粉專分享各種帶小孩好好玩的職能治療師媽媽，看到 OFun 團隊能夠有系統地分析公園遊戲的種類並且作了深入淺出的介紹，真的是非常地驚艷，也推薦給所有帶小孩玩到沒步的爸媽！

玩讓孩子找到力量

林亞玫 還我特色公園行動聯盟理事長

　　我們問孩子在遊戲場最喜愛的是什麼？第一個答案永遠是鞦韆。為何鞦韆如此吸引著孩子，我們藉由觀察孩子盪鞦韆的過程來了解鞦韆的秘密，首先孩子會確認自己鞦韆坐的位置，他的手指會緊緊握住鞦韆的鏈子，再來利用腰部和腳的力量帶領鞦韆擺動，好讓自己可以盪得更高、更遠去享受遠方的風景，鞦韆時而上時而下，孩子時而閉眼時而睜開，享受著擺盪帶給他的快樂，享受高處視野帶來的樂趣。

　　那你看過孩子在遊戲場玩旋轉盤一連串的動作嗎？當我們觀察孩子正嘗試玩旋轉盤時，他的眼睛追著正在旋轉不停的設施，他的身體會微微跟旋轉擺動，他正在準備何時跳入，一旦看準時機，下一刻他身體就跳入旋轉盤，和同伴一同享受旋轉暈眩的樂趣，那一瞬間動作整合能力真的是令人拍手叫好呢！

　　孩子會為了遊戲，主動創造新的學習經驗、學習整合自己身體能力，除了生理的練習，孩子同時也從內在找到自己的力量，感受自己的行為與外在環境的連結，像是在失敗或成功時覺察自己的感受並接受自己，試著讓孩子在遊戲時選擇最符合自己目前狀態的遊戲方式，孩子們才能自然而然玩在一起，體驗人際互動的百般滋味。

　　遊戲經驗將豐富與充實孩子的內心，也是我們和孩子一次次建立回憶、遊戲經驗和正向感受的場所。

〔自序 1〕

父母的陪伴是最佳的居家專注力活動

文／柯冠伶

　　在長庚工作的這段時間中，一直謹記周主任給予我們的核心觀念「賦能給照顧者」，在治療過程中希望家長也能參與其中，無論是治療的目標或是帶領孩子的方法、教養技巧等都能透過一起參與的方式讓家長與我們一起討論。

　　透過給予紙本遊戲的方式，讓家長與孩子在休閒的時光中可以一起完成一件事情，家長們也可透過書中提供的居家遊戲建議或是引導方式，陪伴並找到最適合孩子的方式。

　　在忙碌的工作以及課業中，孩子仍會希望有一段時間家長能夠陪伴他們遊戲，設計居家遊戲的初衷便是希望每個家庭都能有一段「不插電」的時間、將 3C 放下來專心與孩子單純遊戲。在使用本書練習的過程中，每個遊戲大約需要 15 ～ 20 分鐘的時間，家長可以與孩子進入遊戲的故事中，孩子也會因為父母的陪伴提高遊戲動機、更加專注。

　　最後感謝一起完成的所有夥伴，也感謝在這過程給予建議的朋友、家人，當然還有在執業過程中陪伴過我的孩子，你們的回饋以及笑容都是我的養分以及動力。

〔自序 2〕

天天玩，孩子不一樣了！

文／陳怡潔

　　每天多一點有溫度的陪伴和觀察，就會發現孩子慢慢不一樣了！

　　「很想陪著孩子玩遊戲，但要怎麼讓孩子覺得有趣？」

　　「我很努力想要陪著孩子玩，但已經變不出新花樣了……」

　　「要怎麼觀察孩子的表現及如何引導？」

　　「怎麼知道孩子練習、獲得到哪些能力？」

　　這些都是臨床上很常聽到的問題，也因此催生了本書！

　　玩，是孩子每天都必須做的重要事！玩的過程中，會得到很多的經驗累積。但沒有陪伴及共同創造，當孩子玩不出東西來時，就會聽到一些狀況，像是「為什麼每樣玩具都玩不久、很無聊？」。這些外在表現出來的問題並沒有那麼嚴重，只要透過「玩」，再加上「陪伴引導」、「適當變化」，不只能獲得動作及認知能力，家長也能和孩子同樂同時觀察孩子的進步及能力。

　　在本書中，結合運動知識並提供一些技巧讓家長變化玩法及引導觀察孩子能力，我們一起來同樂吧！

看著孩子的笑容與進步，幸福又不可思議！

文／陳姿羽

第一本遊戲書出版後，家長給予的回饋都讓我非常感動。像是孩子好喜歡我們設計的遊戲書，到哪都一定要帶著它，或是家長下班後努力挪出10分鐘陪孩子玩遊戲，都讓我忍不住嘴角上揚。父母的陪伴是孩子成長中不可或缺的養分，因此這一次除了紙本綜合視知覺遊戲，更特別加入公園與居家遊戲的活動設計與指引，希望提供父母更多的面向幫助孩子在生活中培養視知覺與專注力。

雖然東京奧運因疫情而延期，但非常感謝出版社總編、主編以及夥伴的努力讓這一本書能如期出版，陪伴父母與孩子們度過防疫的居家時光。

最後，要謝謝夥伴——威舜學長、怡潔和冠伶學姊，能與理念相投的前輩合作、彼此切磋，真的非常榮幸。同時，要感謝一路上教導的老師及家人的支持，給予我紮實的專業基礎與最強的後盾；也要謝謝孩子與一路相挺的家長，看著孩子的笑容與進步，無疑是我持續前進的最大動力，讓我們一起繼續加油！

透過紙本遊戲，讓孩子認識更多運動

文／威舜

在關注與倡議兒童遊戲權益與親子互動的過程，不只是強調兒童遊戲非常重要，同時必須做足很多準備，例如，營造兒童遊戲空間、設計各式有趣的發展遊戲等，讓孩子能夠開心的玩中學。在眾多親子互動研究中發現，家長陪伴孩子的「時間」與「品質」是非常重要的關鍵。若想要減少孩子對於3C的依賴，限制使用時間、增加戶外活動時間、選擇多元的活動類型都能有所助益且能夠增進親子互動、促進孩子生理的發展。

這次的視知覺遊戲書，以奧運的比賽項目為主題，期望親子能透過紙本遊戲認識更多運動，也更加引起對於運動的興趣；我們特別在前言加入了「公園遊戲」的內容，整理這幾年在倡議兒童遊戲的經驗，並結合參與公園遊戲場改造的心得，期望分享原來到公園可以玩這麼多和視知覺有關的親子互動遊戲的概念。

和怡潔、冠伶、姿羽能夠共同完成這本書是我的榮幸，讓這本書變身成為動靜皆宜的遊戲書，也感謝特公盟的夥伴讓職能治療師在兒童遊戲權益能夠盡一份心力。

公園遊戲與運動和視覺發展大有關係

兒童的工作就是「玩」,「遊戲」是兒童每天最重要的職能活動之一。而視知覺功能和日常生活的重要性,在我們的第一本書《視知覺專注力遊戲》就有提到,例如:課業的書寫、如何找到放在桌上的東西、運動表現、在人群中不要撞到人等。而在紙本遊戲練習視知覺的同時,我們也可以到戶外遊戲,到公園遊戲挑戰與練習孩子的視知覺。

世界衛生組織 WHO(2019)建議 3 歲以上的孩子每天至少要活動 180 分鐘,眾多研究與兒童發展專家也提到,動得夠、玩得夠,大腦也能練習專注!還能減少 3C 產品的過度使用、預防後天近視、享受陽光大自然、增進親子關係、培養體力和所謂的放電。動得夠、吃得好,睡眠品質也會跟著提升,建立健康的生活型態。

和紙本遊戲使用到的視知覺能力略有不同,公園遊戲主要練習到的有:視覺注意力、主題背景、視覺空間關係(空間知覺、深度知覺、空間定向感)、視動整合。

❋ 公園可以玩什麼專注力遊戲? ❋

公園遊戲可以分成兒童遊戲設施、地板遊戲、互動遊戲、自然遊戲等。

- **遊戲設施:**使用特色／共融公園遊戲場內的相關遊具,例如:攀爬網、溜滑梯、沙坑等。
- **地板遊戲:**在公園內的柏油／橡膠地墊等材質的平面空地玩。
- **互動遊戲:**在公園空地和家長、同儕一起玩,至少需要 2 ～ 3 人的跑跳遊戲類型。
- **自然遊戲:**善用公園中的自然環境素材,例如落葉、木屑、小石頭等,所謂鬆散素材的遊玩方式,以及藉著陽光和水能夠玩的遊戲。

兒童遊戲設施

	視覺專注力	視覺搜尋	視覺區辨	空間關係	視動整合
攀爬遊具	＊＊	＊	＊＊ 主題背景	＊＊ 深度知覺	＊＊
跳樁平衡木	＊＊	＊	＊＊ 主題背景	＊＊ 深度知覺	＊＊
溜滑梯	＊＊	＊	＊＊	＊	＊＊
沙坑遊戲	＊	＊	＊＊ 視覺完形	＊	＊
跑酷	＊＊	＊	＊	＊＊	＊＊

1. 攀爬遊具

　　遊戲方式通常為從一個平面移動到另一個平面，或是連接到另一個遊具，例如溜滑梯平台或高處，移動方向有上、下、左右橫移、斜向等，需要手腳並用才能完成。類型包含：攀爬網、攀爬架、繩梯、攀岩牆、單槓、雲梯（Monkey Bar）等，主要挑戰兒童動作計畫、體耐力等運動能力。此外，視知覺功能也扮演著非常重要的角色，和遊具的類型或造型有關，例如攀爬面是平面還是 3D 立體，垂直平面或是多面向的攀爬等都可以挑戰到不同的視知覺功能。更重要的是空間關係與動作協調的配合，就是所謂的視動整合能力。

　　攀爬的過程兒童需要確認下一個動作所要踩或抓住的平面在哪？也就是「主題背景」的區辨能力，判斷要接觸的主體為何？其他的物件則被認定為背景，不一定要在移動的過程中使用。踩踏或抓握的面積、形狀為何？需要「視覺注意力」來區辨與決定哪一個繩索、桿子或攀爬塊可以使用。攀爬整體空間的大小是否能讓自己通過？進一步考驗兒童的「空間關係」與「視動整合」能力，例如：在可能逐漸變小或蜿蜒的空間裡，要如何判斷繩索與身體的距離、空間上下的移動方向、如何使用自己的手腳來完成空間內的攀爬等，如高塔型、隧道型的攀爬。

　　有別與手腳並用的類型，雲梯的遊戲方式考驗著手臂的力氣，同樣挑戰著「深度知覺」，也就是每一個單槓的距離遠近，進而調整自己的動作，選擇將手臂伸遠一點、擺盪身體重心過去等的視覺動作整合。

2. 跳樁／平衡木

　　遊戲方式同樣是從一個平面移動到另一個平面，遊具類型有圓柱、方柱、河石等不同造型，直線的平衡木，距離地面也有高有低。

可以玩猜拳移動（移動到目標、鬼抓人等）、扮演遊戲（假裝站在大海的小島上，跳躍移動避免掉到海裡）等。

和攀爬網不同的是，在遊玩的過程，每個跳椿都是獨立的，依據遊戲環境的設計，動線可以非常多元，也有遠近、高低等挑戰。最需要使用「深度知覺」來判斷要向上跳還是向下跳，還有遠近距離的跳躍。運用「視覺搜尋」、「主題背景」能力來決定下一個要跳的跳椿，並且結合「視覺專注力」來確保在跳躍或平衡遊戲的過程中不會掉落。

3.溜滑梯

遊戲方式是從平台上方做好準備，滑下來到緩衝平台後站起。類型超級多元，有直線、螺旋、波浪、緩陡坡、管狀隧道、單線、多人平面等，刺激好玩之外，還能挑戰兒童的前庭平衡感。而和視知覺的關係，主要在即將滑出平台時，運用「視覺專注力」、「空間關係」及「視動整合」，結合過去的遊戲經驗判斷落地的瞬間完成屈膝並熟練、安全的站起！還有在大平面的滑梯時，可以閃躲避免碰撞其他孩子。

除了一般坐姿的溜滑遊戲外，在沒有太多人使用溜滑梯的狀況下也可以準備小塑膠球或空的寶特瓶，一個人從上方將東西滑落，另一個人準備在下方第一時間接住，即可挑戰手眼協調的動作反應。

4.沙坑遊戲

遊戲方式是挖取、堆疊、取水塑型、埋藏尋寶、搬運等，常見的遊具或設備有沙桌平台、滑輪水桶、挖沙與塑型工具等，多為練習兒童的手指或工具操作能力與提供觸覺刺激。有趣的是，在玩「考古、藏寶」遊戲的時候，我們會把玩具或東西藏在沙裡（例如恐龍、車子），在撥沙的過程中，物品逐漸露出特徵，判斷這個寶藏是否為我們埋藏的物品，還是別人的玩具，是否要去挖別的地方？這都考驗兒童的「視覺完形」與「視覺記憶」能力。

5.跑酷

遊戲場中設有隧道、涵洞、地景遊戲島、低牆、斜坡等可以躲藏或玩跑酷的設施（可參考台中豐樂雕塑公園的跑酷設施），遊戲方式有攀爬、斜坡奔跑、跳躍、翻滾等。活動過程中，是一種跑越障礙的挑戰遊戲，雖然和兒童的平衡感、肌耐力有絕大關係，但視知覺一定是個非常重要的核心能力。

每個隧道／涵洞的孔徑大小不同，要如何確認自身身形並調整姿勢穿越，和「視覺空間感」有關。在不同接觸平面之間移動，「搜尋」要移動的動線，而判斷牆壁或單槓和手臂的距離遠近、跳躍移動平面的高低也都和「深度知覺」有關；面對整體環境的變化要如何控制身體平衡與動作的改變，所謂的協調感需要「視動整合」來完成挑戰。

✻ 地板遊戲 ✻

1. 跳格子

　　遊戲方式是在地板用蠟筆、水彩或膠帶標記出連續的格子，每層數量大小不等（一或兩格），使用丟擲石頭、骰子或猜拳的方式，向前或向後跳躍到目標位置。遊戲過程中，兒童需要發揮「主題背景」、「視覺空間關係」，判斷移動跳躍的方向和避免踩到格線，並發揮「視動整合」使用雙腳或單腳完成遊戲。

　　若要增加有趣的玩法，在每個格子內畫上依序排列或任意位置的數字、形狀，讓跳躍到指定數字或形狀的過程能夠練習「視覺搜尋」的能力。

2. 走迷宮

　　沿著地板所繪製或用膠帶貼製的路線圖，腳尖對腳跟的移動到指定結束的位置，可以有直線或支線的移動或是漩渦般的路線，在挑戰平衡能力的同時，兒童的視知覺同時也在發揮其必要性。和跳椿、跳格子不同，這個遊戲是要踩在線上，而線條的範圍是細長的，需要「視覺專注力」來判斷路線的軌跡還有腳步必須移動的位置，只能沿著線走，不能踩出線條外面，則是使用「主題背景」能力。

　　如果線條有多個以上，可以增加有趣的玩法，例如手腳並用，像是蜘蛛或螃蟹般移動，或是雙腳之間運球，讓球沿著線走，考驗兒童肢體協調的「視動整合」能力。

3. 套圈圈

　　將用鐵絲、木頭、塑膠或報紙做成的圈圈，套到一定距離的目標物（可用寶特瓶製作），目標物的高度和距離不同，挑戰兒童各種視知覺能力。遊戲過程，需要專注地盯著想要的目標物（主題背景），判斷前後左右的方向（空間關係），進一步決定要丟擲多大力或多遠，或是修正下一次的丟擲方式（視動整合）。

　　也可以準備比較大的圈圈，家長輕輕拋擲後，指定或讓孩子自行決定想要讓身體的哪一個部位被套住，這樣的活動量會更大喔！

4. 彩繪遊戲

　　使用可水洗的顏料在公園空地作畫，或是提供模板塗色，只要使用顏料或只用清水就可以玩。除了塗色、創作之外，也可以玩形狀拼接、故事接龍，引導兒童更多藝術啟蒙與創造力。有趣的是，在夏天用清水玩，痕跡會很快的消失，可以讓兒童學習「蒸發」的科學概念，還可以考驗「視覺記憶」回答剛剛對方畫的是什麼圖案。

	視覺專注力	視覺搜尋	視覺區辨	空間關係	視動整合
跳格子	＊	＊＊	＊＊	＊＊	＊＊
走迷宮	＊＊	＊	＊＊		＊＊
套圈圈	＊		＊＊	＊＊	＊＊
彩繪遊戲	＊＊		＊＊		＊＊

❊ 互動遊戲 ❊

1. 捉迷藏（躲貓貓）

在公園的遊具、地景、椅子、涼亭等，嘗試躲藏起來，或是去找到別人。規則有很多種，有躲著就不能改變位置，或可以有一次逃走的機會或指定安全位置；抓到指定對象可以獲得比較多分數，也可以讓沒被抓的人去拯救被抓在監獄的人等。

在視覺資訊這麼多干擾的環境中，要找到別的玩伴需要非常集中的「視覺專注」和「視覺完形」，從發現的衣物線索或人物特徵找出指定的對象。在跑動抓人或閃躲的過程，需要觀察對方的動作，挑戰自己的身體平衡與反應。

2. 跳繩

3個人以上的遊戲，2個負責拿繩子，其他人輪流或一起依照遊戲規則跳過繩子或持續完成指定跳躍等。跳繩的遊戲難度可以隨著兒童年齡不同有所調整；從靜止不動開始，到調整繩子的高度，或是讓繩子移動，依序增加移動的速度。

繩子隨著速度的不同，需要非常專注盯著繩子。在準備跳過去前需要注視（追視）現在繩子移動的方向，判斷自己要跳躍的空間和身體的距離有多遠，進一步才能完成跳躍遊戲。拿著繩子的人，則需要視動整合來維持繩子一定的速度和高度。

3. 拍氣球 / 打泡泡

特色在於會漂浮的目標，隨著風而飄移或消失。可以用手或道具拍打或回球也可和家長來回拍打，或由家長丟出2～3顆不同顏色的氣球，指定孩子要抓住那顆指定顏色的氣球，或追逐拍打要飛走的泡泡。泡泡飄浮與存在的時間不定，孩子要「追視」專注判斷要拍打哪一個快破的泡泡，眾多顏色的氣球要區辨指定的那顆，需要「主題背景」的能力，跑動的過程中要還抓住或拍打目標物，能夠練習「視動整合」。

4. 踩影子

2人以上的遊戲，選擇可以受到陽光照射的平地或草地，依照各種規則來踩踏對方的影子。遊戲方式有，追逐踩影子、猜拳踩指定部位的倒影等；過程中依照站的位置不同，會產生長短不一的影子（空間關係：太陽和自己的位置），或蹲或站的身體姿勢造成的影子變化，有助於閃躲對方的踩踏攻擊。踩人和被踩的都需要專注觀察與發揮自身的視動整合能力。

5. 足球射門（寶特瓶）

把球向前踢倒定點位置的寶特瓶，可以指定需要踢倒的目標，或在瓶身外圍貼上不同顏色代表不同分數，例如指定踢倒紅色或貼著貼紙的瓶子；家長或玩伴負責阻擋防守球，輪流交換踢球與防守都可以增加趣味。阻擋球的人需要追視球的滾動來做出反應，踢球的人需要判斷出目標的距離遠近，調整踢球的動作。

	視覺專注力	視覺搜尋	視覺區辨	空間關係	視動整合
捉迷藏	＊	＊＊	＊＊視覺完形	＊	＊＊
跳繩	＊＊	＊＊ 追視	＊主題背景	＊＊深度知覺	＊＊
拍氣球／打泡泡	＊＊	＊＊	＊＊主題背景	＊	＊＊
踩影子	＊＊	＊	＊	＊＊	＊＊
足球射門	＊＊	＊	＊	＊＊	＊＊

❋ 自然遊戲 ❋

1. 找樹葉

　　隨著季節不同，公園裡會有各種植栽與落葉，家長可以帶著孩子去尋寶，找出不同顏色形狀的樹葉，也可以指定找出和目標相似的另一片樹葉。需藉由「視覺記憶」來尋找指定目標的特徵與顏色，在環境的干擾中要找出樹葉或落果，需要「專注、視覺區辨」來協助自己發現綠色中的紅，或是咖啡色中的黃。

　　若要增加遊戲的趣味，不妨利用蒐集到的落葉或落果玩扮家家酒遊戲（例如：深咖啡色的枯葉當成烤焦的食材、黃色的當成香蕉、綠色的當成青菜）或是抓一把落葉隨風灑落，讓孩子抓住指定顏色的葉子。也可以找出兩個最長的落葉和孩子扮演兔子、小狗、狐狸（長短耳動物）等，一起在公園中奔跑或跳躍。

2. 疊石頭／木屑

　　兒童遊戲場的防墜鋪面有時會採用鬆散的木屑，或者也可以在公園環境中收集各種大小形狀的石頭，來進行堆疊的遊戲。像是疊高變成房子高塔、排隊變成火車，或拼湊創造各種形狀。輪流或比賽疊高，或是堆疊後可以站或坐在一定距離之外，拿其他小石頭來擊垮對方的高塔。遊戲過程需要專注並且依照整體結構的傾斜，小心地調整自己擺放的力道與位置，或是修正自己丟石頭的方向（視動整合），才能擊準對方的城堡。

3. 光影遊戲

　　準備各種能夠投影的框架或物品，例如小化妝鏡、空的鏡框、簍空形狀的紙板、紙捲筒、透光的資料夾或各種動物剪影等；或者也可以準備各種顏色的玻璃紙黏貼在紙板上，投射出紅黃綠等有趣的動物或形狀。

　　在追逐光影的同時，孩子需要在陰影之間「追視搜尋」我們投射的主體。也可以遮

蔽部分的形狀，讓孩子觀察光影的特色並猜測是什麼東西的影子（視覺完形）。這個挑戰到孩子的「視覺區辨和記憶」，日常生活是否有接觸這些物品的經驗，或是注意到這些物品的特徵。

	視覺專注力	視覺搜尋	視覺區辨	空間關係	視動整合
找樹葉	＊＊	＊＊	＊＊	＊	＊
疊石頭／木屑	＊＊	＊	＊	＊	＊＊
光影遊戲	＊	＊ 追視	＊ 視覺完形	＊	＊

視知覺能力的組成要素

包含了視覺注意力、視覺記憶、視覺區辨（形狀知覺：形狀恆常、視覺完形、主題背景以及空間知覺：空間位置、深度知覺、空間定向感）、視覺形象化。

- **視覺注意力**：能專注在重要的視覺訊息及忽略其他背景訊息的能力及持續度、必須妥善分配或應用注意力在兩件以上事物。
- **視覺記憶**：立刻記著眼睛所看到的東西或物品，可以把現在看到的事物和以前的視覺經驗做比較，並加以分類、整合，在儲存於腦內，包含短期和長期的視覺記憶。例如：一開始指著貓咪跟小朋友說這是貓，小朋友看到貓有四隻腳的特徵，日後看到四隻腳的都說是貓咪；直到記憶累積越多、分類越細，就能更進一步發展出辨識各種不同動物了。
- **視覺區辨**：能區分兩個或兩個以上在形狀、顏色、大小、質地、粗細、位置等相似或不同之處。例如：兩張圖中找出不同處、從過去經驗知道不是只有貓有四隻腳，還有狗、大象、老虎等，因此可以分辨牠們的不同。
- **形狀恆常**：無論物品或圖案變大、變小、旋轉或稍微變形都可以辨認出是什麼東西。例如：當三角形的積木盒中，有分成大塊三角形、小塊三角形、等腰三角形、直角三角形這幾種時，孩子還是可以辨認出它們都是三角形。
- **視覺完形**：當圖片或物品被擋住一部分，還是可以辨認出來。例如：當車子圖片被白紙擋住一邊時，孩子還是可以看出是車子。
- **主題背景**：從一堆顏色、形狀、材質類似的圖片或物品中，找到想要的目標。例如：從一堆形狀板中，找到三角形；從衣櫥一堆的衣物中，找到紅色的裙子。
- **視覺空間關係**：了解物品在環境中上下左右位置、深淺度及相對位置的關連性。
- **視覺形象化**：能不用看到物品，就可以想像出具體的樣子。例如：媽媽說「畫一輛車子」，聽到指令後想像車子的樣子，並畫出車子，或「聽寫」的能力也是視覺形象化的表現。

視覺動作整合

　　顧名思義就是視知覺和動作一起執行時的協調能力。孩子可能視力正常，動作機能也正常，但卻因為視覺和動作之間沒有良好的統整，造成表現出來的行為不協調、無法依照環境作出適當地調整、無法跟著指令有效率的配合。此能力對於日常生活和學習上都是很重要的角色，例如：用湯匙挖飯進嘴巴、丟接球、踢球、攀爬、騎腳踏車、畫圖、書寫、拼圖、剪紙等。視動整合的發展，在孩子最初發展大動作技巧時就已經開始了，這也是學習精細動作技巧中的基礎。

> 第一本《視知覺專注力遊戲：51 個不插電紙上遊戲》書中，內文有 3 ～ 6，6 ～ 8 歲孩子適用的視知覺 QA 自我檢核表，還有簡要介紹視知覺理論為何、什麼是視知覺、視知覺發展階段等資料。

❊ 視知覺能力不佳的影響 ❊

隨著季節不同,公園裡會有各種植栽與落葉,家長可以帶著孩子去尋寶。找出不同顏色形狀的樹葉,也可以指定找出另一片相似的樹葉,這都需要「視覺記憶」。

有些孩子容易被不相關的視覺刺激吸引、無法維持長時間的視覺活動、玩積木及建構性遊戲有困難、圖形配對辨認能力差、容易出現鏡像字或顛倒字、閱讀容易跳行漏字、抄寫黑板上的筆記有問題、數理空間概念不佳等狀況;且常有爸爸媽媽反應,孩子積木疊不穩、常接不到球、排斥書寫或書寫品質不佳,這也牽涉到了視覺——動作整合能力。因為畫畫、書寫、抄寫需要有良好的視知覺能力外,並要配合良好的手部動作才能將字工整的寫下來。

普遍來說,視知覺能力不佳的狀況,通常要到孩子開始進到書寫的階段時才會被發現。但我們希望更早就開始專注孩子在視知覺上的發展,下列舉了幾種狀況,可能就是在視知覺發展上有疑慮:

❶ 做過視力檢查,確認沒問題,但還是常漏看很多東西。

❷ 明明東西就在眼前,卻常找不到。

❸ 很多需要眼睛跟手或身體一起的動作,一直學不會。

❹ 只看自己想看的,其他都裝作沒看到或分心;上課東看西看,很少看黑板或看老師正在說什麼做什麼。

❺ 對於畫圖及跟上簡單閱讀有困難;寫字時,會跳行漏字、會漏掉 / 多寫筆畫、出現鏡像字或顛倒字。

❻ 常不知道老師黑板寫到哪個位置或自己已經抄寫到哪個部分。

❋ 本書使用方式 ❋

根據本書的小遊戲設計方式，我們將以上所探討的要素分成五大類：視覺搜尋、形狀知覺、空間知覺、視覺記憶及視覺──動作整合能力。

因視覺注意力會出現在任何與視覺有關的活動上，因此當孩子在執行本書的小遊戲時，爸爸媽媽可以同時間觀察孩子是否能專心完成或只能專心多久；同時也將這五類能力以雷達圖方式呈現，更清楚地表示各種小遊戲所需的能力。

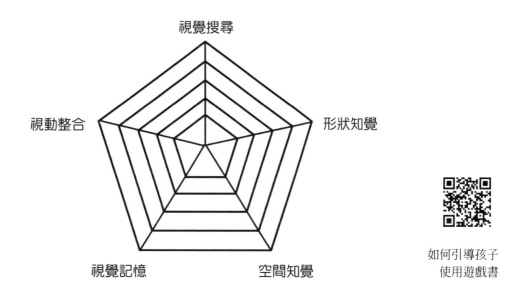

如何引導孩子
使用遊戲書

也利用了「鉛筆圖」的提示，來讓家長了解下列各單元所適合的年齡範圍，同時在部分單元中也會有「溫馨小提示」讓家長知道該如何引導、簡化或增加單元的難度！

適合 3 ～ 4 歲的孩子
4 歲以上的孩子在理解規則後可以獨立完成。

適合 5 ～ 6 歲的孩子
5 歲以上的孩子在理解規則後可以獨立完成。
5 歲以下的孩子可能需要些許的幫助或是將活動分次完成。

適合 7 歲以上的孩子
7 歲以下的孩子可能需要些微的幫助或是將活動分次完成，中班以下的孩子可能需要較多的引導。

拳擊 / 跆拳道

運動與視知覺

拳擊以及跆拳道都是專注在自己身上不藉由任何工具等的運動，在運動的過程中本體覺相當重要，要時時刻刻注意自己的身體每一個動作中肌肉以及關節擺放的位置以及用力的方式。另外結合視覺需要有瞄準以及閃躲的動作，在整個運動的過程中須要注意到所有的感官刺激才能表現出流暢的動作。對於孩子來說除了防身，更是可以在過程中訓練等待、觀察、專注等。跆拳道選手屢創佳績，現在也越來越多孩子接觸類似跆拳道、柔道等運動，透過良好的引導以及教育，讓孩子知道是防身或是健康的運動。

引導技巧

若孩子在活動中感到較為困難時，我們可以試試以下幾個辦法。

1. 拆解活動
不用一次把一個回合寫完，每個活動可以分次完成，重點是讓孩子可以在過程中去想辦法。

2. 想想之前怎麼辦？
家長可以提示孩子在前面的單元中有練習過什麼技巧，是不是很像呢？讓孩子去應用看看前面單元的技巧。

3. 背景簡單化
可以把還沒寫到的部分用一張白紙遮起來，縮小活動範圍，讓干擾孩子的因素降低。

活動難度

本單元較為簡單，讓孩子暖身以及進入狀況的基礎技巧訓練，約幼兒園小班以上的孩子在理解規則以及示範後大多能自己完成，偶爾需要一些提示以及協助。

身體動一動

上下左右 賀賀哈 hee

目標能力：視動整合能力、視覺空間、注意力持續度

準備材料

A4 白紙，麥克筆或是彩色筆、地墊或是呼拉圈

遊戲方法

1. 決定好顏色或圖形或箭頭方向所代表的意義，如：紅色是向上踢，藍色是打拳；也可用不同的箭頭方向代表踢的方向，依照孩子的年齡來增加難度以及題目數量。
2. 請孩子站在指定區域，等等做動作時要注意不可以超線或是跨出地墊等。
3. 依序拿出剛剛準備的圖卡請小朋友做出指定的動作，熟悉後可加快速度。
4. 多人比賽更有趣，可以看看誰的動作又快又正確！

活動難度分級

1. **題目的數量**：題目的數量愈多孩子需要記得的指令愈多。例如：一開始可以只有兩個動作指令，如：紅色出拳、藍色要踢，熟悉後可以增加為黃色要跳，綠色要蹲下防守。大一點的孩子可以加上箭頭的方向性，如紅色向左的箭頭是往左揮拳。
2. **速度**：換圖卡的速度愈快，孩子需要反應的速度也愈快。
3. **站立的範圍**：孩子站的地墊愈小，愈須要注意自己的動作有沒有超線。

調整裝備

來到拳擊場暖身前，選手們需要戴上自己的裝備，但是手套都散落一地，請小朋友幫忙標記左手以及右手的手套，如果是右手請塗上紅色，是左手請塗上藍色。

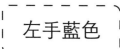 左手藍色   右手紅色

作答區

雷達圖分析

單元中會運用到較多的視覺搜尋以及視覺區辨能力,且主要挑戰視覺空間能力,區分左邊以及右邊的不同,在進階題目中除了有其他選項的干擾外,也因為排列不整齊增加搜尋過程中的難度。

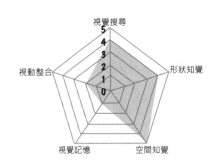

注意不是拳擊手套的不要塗顏色喔!

作答區

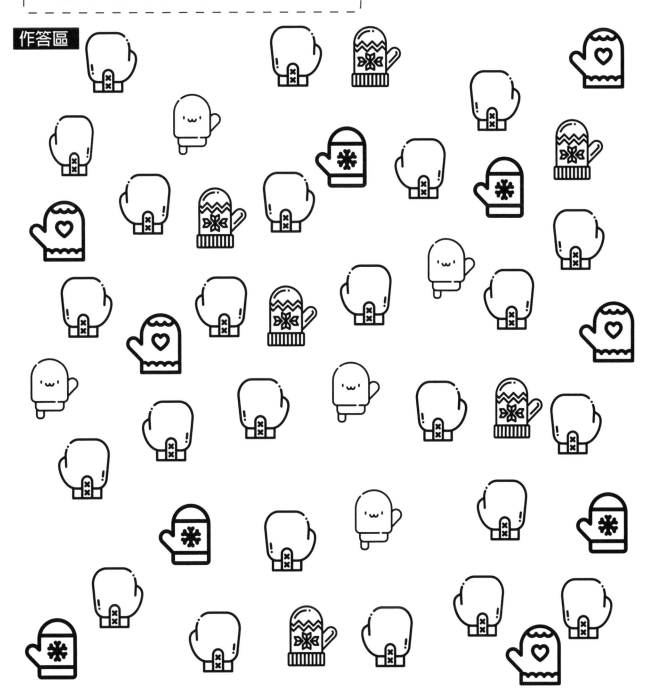

暖身訓練

準備上場比賽囉！教練們現在帶著選手一起暖身，請小朋友從左方題目標號出發，沿著虛線連連看，找出教練這次要出拳／踢幾次，並在下面作答區找出相同的編號，把出拳／踢的次數塗上顏色，答案是6次便將6個拳套塗上顏色。

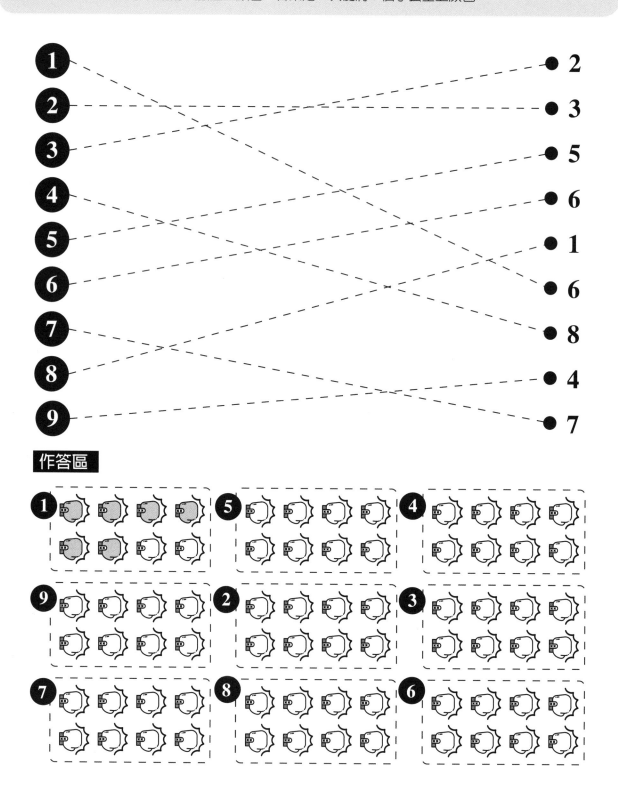

雷達圖分析

主要訓練簡易的視動整合能力,孩子在連連看的部分家長可以觀察動作是否順暢,是否會停頓或是來不及煞車而超出去等等。

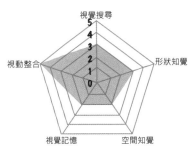

作答區

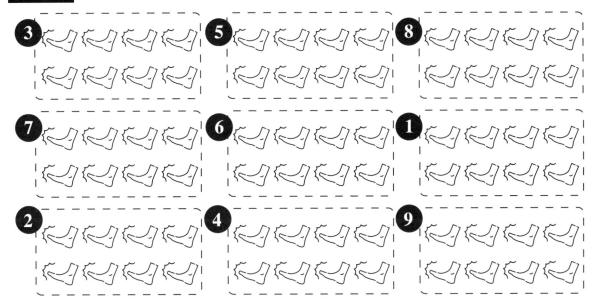

選手們加油！

場上的選手們十分緊張，請小朋友們一起為選手加油，為了讓選手快速的找到自己的粉絲，請小朋友將看台上臉上有中華台北代表隊圖示的人圈起來，並數數看總共有幾個，將答案寫在每一橫列前方的梅花中。右頁題目區則需要數看看整個看台區總共有幾個喔！

中華台北
代表梅花

雷達圖分析

主要是訓練孩子視覺區辨的部分，在引導孩子的時候可以配合手機讓孩子知道奧運中台灣代表隊的旗幟以及其意義，解釋後一起討論旗幟的特徵，並在線條引導下完成搜尋及區辨。

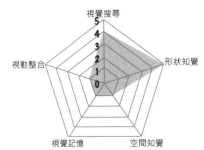

27

比賽開始──拳擊

叮叮叮！比賽終於開始了，氣氛非常緊張刺激，請小朋友協助選手們找到對方的弱點出擊！請小朋友觀察一下每一個對手旁圈圈的圖示，並在下方框框中找出相同的圖示圈起來，讓選手的攻擊可以成功。

雷達圖分析

在這一單元中，主要訓練孩子的視覺區辨能力，家長在引導孩子進行的時候可以與孩子一起討論每一題目標物的特徵，試著讓孩子描述看看，包括形狀、數量或是方向性等等，之後再讓孩子搜尋作答，作答時若有困難家長再引導孩子看看哪裡一樣哪裡不一樣。

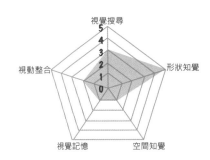

29

勢均力敵　奮力一搏

目前兩邊選手勢均力敵，場邊教練開始打出暗號提示選手們可以用的招數，但是實在太遠了選手看不清楚，請小朋友們幫忙選手找出暗號。在左頁，請小朋友依序從左至右由上到下一排一排搜尋與上方題目相同的數字並圈出來，不同的題目可使用不同的顏色。右頁是教練指示的大絕招，請小朋友找出相同順序、招式以及方向的組合並圈起來。

| 2356 | 7805 | 7317 |

作答區

(2 3 5 6) 1 2 5 9 8 6 4 7 7 3 1 7 5 6

5 6 8 7 8 0 5 7 3 2 3 5 6 2 8 9 0 1

2 5 3 1 7 7 3 1 8 2 3 5 6 7 8 0 5 2

2 3 8 9 4 7 3 1 7 2 5 9 0 2 3 5 7 2

8 0 5 1 2 7 3 1 7 2 3 5 6 8 9 0 5 7

6 5 2 1 7 8 0 5 0 5 6 7 3 1 7 2 3 5

7 3 1 7 2 3 5 8 7 8 0 5 2 3 5 6 2 0

4 5 8 9 4 7 8 0 5 2 2 3 5 6 0 4 0 1

雷達圖分析

主要訓練孩子視覺區辨以及視覺記憶，過程中孩子除了要記得目標題目，在搜尋的過程中也要注意不被干擾。建議家長在一開始可以把搜尋的範圍縮小，讓孩子先搜尋前兩排練習看看，建立自信再繼續往下完成。

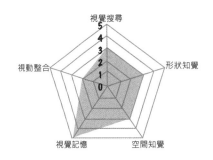

作答區

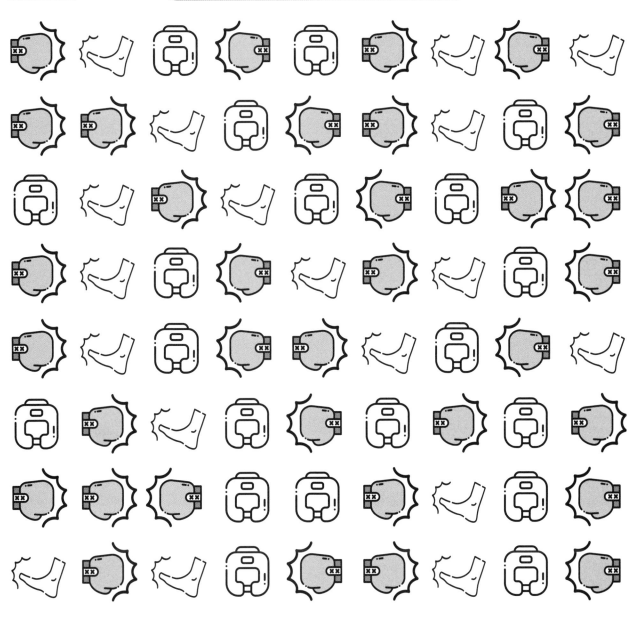

Part
2

水上運動
游泳 / 跳水 / 水球 / 水上芭蕾

 水上運動與視知覺

在奧運中,水上運動包括游泳、跳水、水球及水上芭蕾四大項目。在水中我們能獲得大量的感覺刺激,包含觸覺、前庭覺、本體覺、聽覺及視覺,各項水上運動的運動員須要有效整合這些感覺,搭配四肢與軀幹的動作與協調,才能克服阻力並加速移動。其中視知覺能力在水球項目中特別重要,選手須以游泳的方式移動,以單手射入對方球門次數多的一方為勝,視覺空間能力幫助選手辨別球門方向與距離,而視動整合能力則讓球能精準投入球門中。

 引導技巧

若孩子在活動中感到較為困難時,我們可以試試以下幾個辦法。

1. 漸進式協助

一開始先示範一題幫助孩子理解,若是孩子仍覺得困難可以使用手指、動作來輔助,給予孩子足夠的思考時間與正向鼓勵,孩子會更有動機參與。

2. 善用色筆輔助

在黑白的題目中,同色系的花漾容易造成視覺的混淆,這時可以引導孩子使用不同顏色的色筆來標注,讓目標項目更為清楚。

3. 背景簡單化

可以把還沒寫到的部分用一張白紙遮起來,縮小活動範圍,讓干擾孩子的因素降低。

 活動難度 ✏ ~ ✏✏

本單元較為簡單,小班的孩子在說明規則之後可能需要部分協助來完成,中班以上的孩子在理解規則之後可以獨立完成。

身體動一動

浴缸漂漂球

目標能力：提升視覺追視穩定度、視動整合能力

 準備材料

浴缸、多色球 (會漂的都可以，乒乓球為佳)、水瓢

 遊戲方法

一人玩法：將多色球灑在浴缸中，用水瓢舀起指定顏色的球。
兩人玩法：浴缸放滿水，一人在水面吹乒乓球，另一人用水瓢倒蓋接住指定顏色的乒乓球。

 活動難度分級

1. **球的大小：**一開始可以先用大一點的球練習，例如：球池塑膠球，目標愈大愈容易追視。
2. **球的數量：**可以先從少量球開始挑戰，再慢慢增加數量。
3. **水瓢的深淺：**用較深的水瓢較為簡單，若已經上手，可改用小墊板舀球增加難度。

賽前心情站

游泳比賽就要開始了,選手們有的期待、有的緊張、有的興奮……小朋友,請你幫忙數一數,每種心情的選手各有幾位?請先用不同顏色的彩色筆圈五種出不同心情的選手,數一數後寫在下方格子中。

作答區

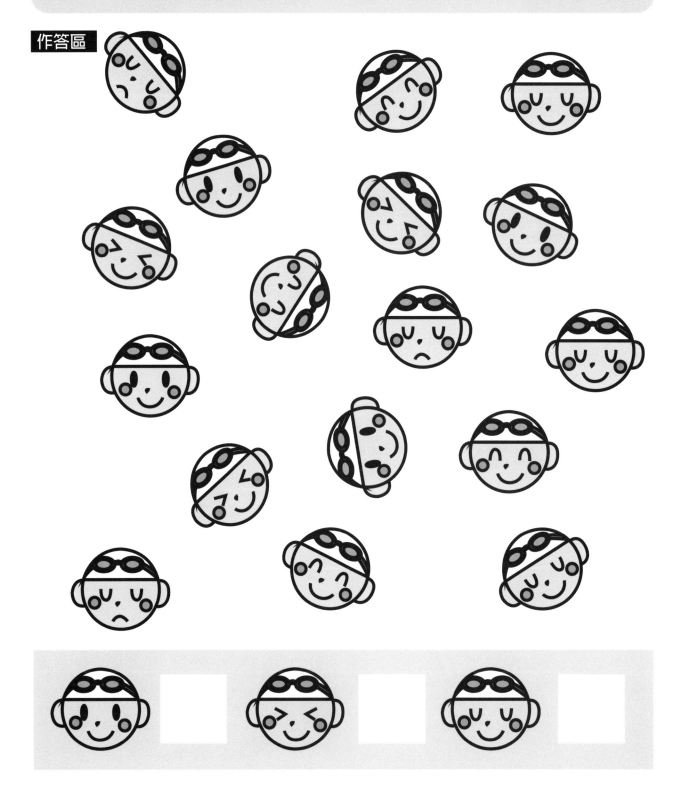

雷達圖分析

主要練習視覺搜尋、區辨、物體恆存與視覺空間能力，需要孩子區辨五種表情的異同並在眾多旋轉臉譜中找出一樣的表情。可以先帶著孩子區辨五種臉譜，並鼓勵在書不轉動的情況下練習區辨唷！

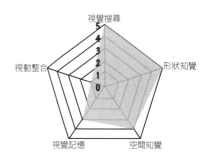

花漾泳帽

游泳接力賽中，各隊選手們的泳帽必須按照主辦單位規定的樣式設計。小朋友，請你依照右頁泳帽上的數字找到左頁數字相同的泳帽，並用你的色筆幫它畫出指定的花樣吧！

題目區

雷達圖分析

本單元主要練習視覺區辨與視覺對應能力，孩子須要先觀察左邊題目區與右邊作答區泳帽的異同，找到缺少的線條或形狀，再對應到泳帽的相同位置用色筆畫出來，能訓練細節區辨對照能力與結構、位置的辨認，為辨識相似文字的基礎唷！

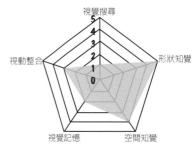

作答區

游泳接力賽

游泳團體接力賽即將開始，每條泳道的選手都努力把握最後的時間練習。小朋友，請你數一數，每條泳道中往**終點游**的選手各有幾位呢？並將答案寫在終點處的框框中。

 往終點游　　　　 往起點游

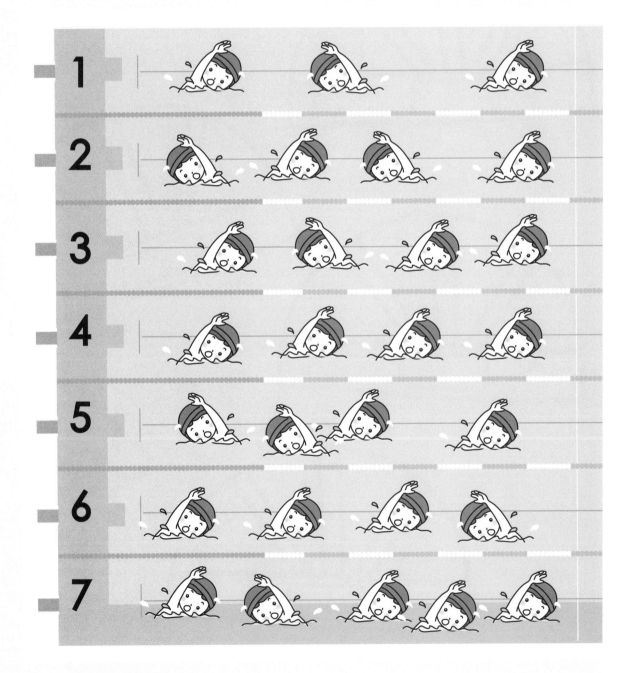

雷達圖分析

主要練習視覺追視穩定度與視覺空間能力，需要孩子穩定的從左側追視到右側，不能跳行，並區辨左與右不同方向的選手。視覺追視穩定度練習有助於孩子減少閱讀時跳行、跳字的問題。

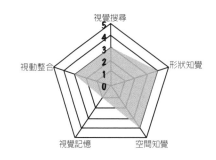

作答區

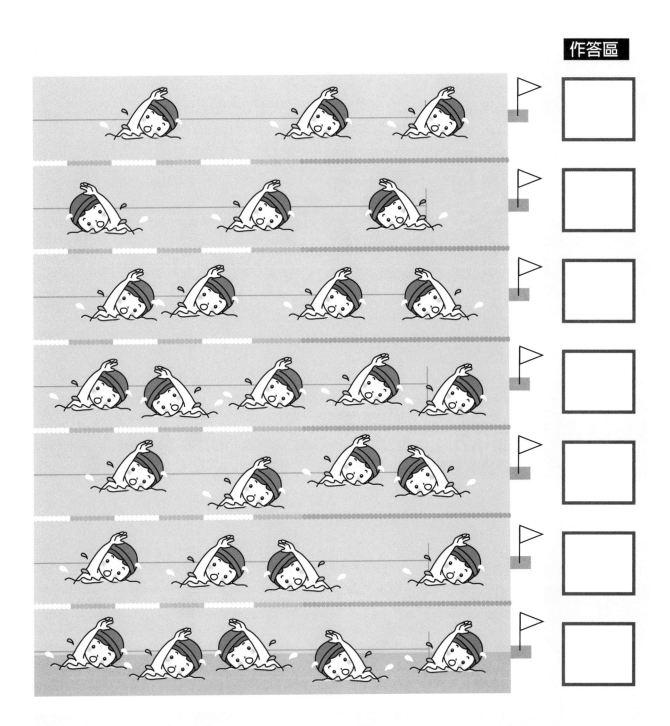

水上芭蕾舞

水上芭蕾舞比賽即將登場，選手們都在練習花式動作隊形，請你幫忙數一數，各種隊形需要多少選手來完成嗎？數完之後，請依數量在右頁對應框的人型中著色。

雷達圖分析

本單元主要練習視覺對應與視覺完形能力，孩子須從重疊的圖形當中區辨出舞者數量，再對應到指定的格子中著色。

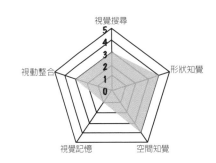

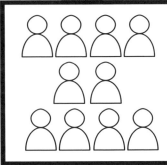

作答區

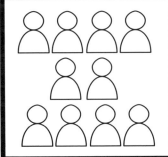

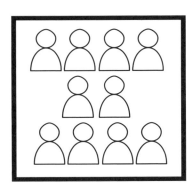

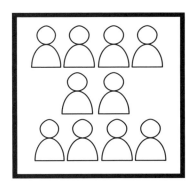

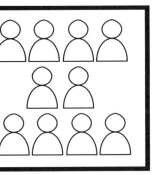

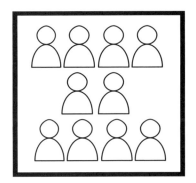

41

跳水競賽

緊張刺激的跳水比賽登場了，跳水項目要比賽誰能以最優美的姿態跳進水裡，同時濺起最少的水花。小朋友，請你跟著選手們跳水的曲線走，數一數跳水時所濺起的水花數量，濺起最少水花的選手為第一名，以此類推，並將他們的名次填進獎牌中唷！

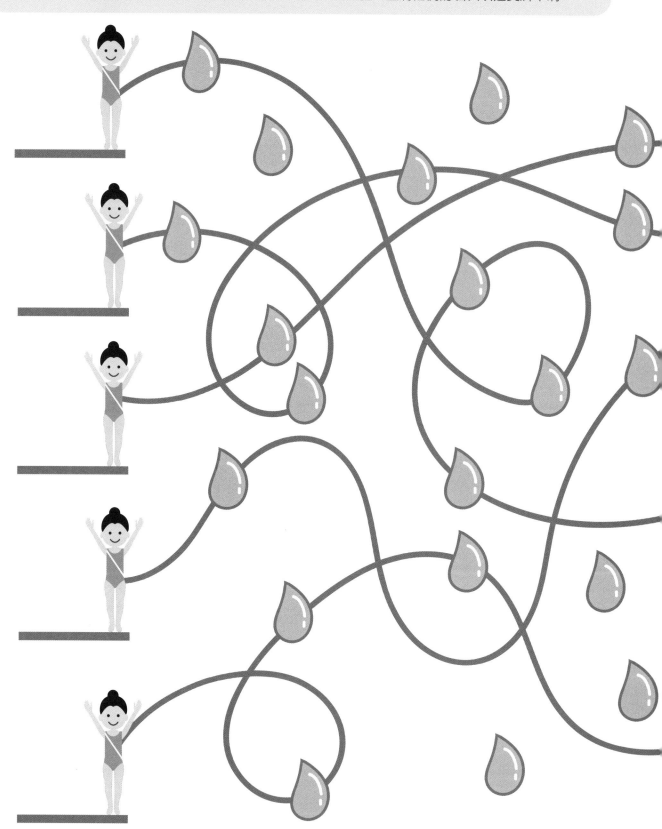

雷達圖分析

主要練習視覺追視能力、主題背景區辨與視動整合能力，讓孩子練習找出目標路線而不被其他路線及水滴干擾，搭配手指數數能練習手與眼並用的協調性。

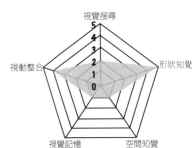

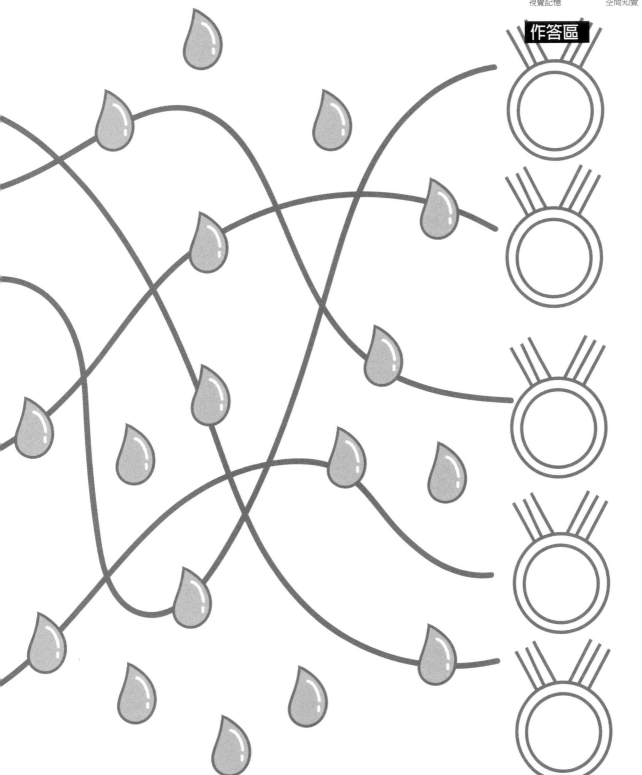

作答區

43

田徑

100 ～ 10000 公尺賽跑／馬拉松／障礙賽／跨欄／跳高／撐竿跳高／跳遠／鉛球／鐵餅／鏈球／標槍／七項及十項全能／ 20 ～ 50 公里競走

田徑與視知覺

在田徑的項目中，雖然大多都與跑步有關，但還是少不了視知覺的能力。例如：在接力賽、鉛球、鐵餅賽等，都需要視覺和動作的整合才能將比賽順利完成。而在日常生活中，也可以在跑步中加入需要手眼協調的動作，讓孩子可以多點動機在執行跑步活動。

引導策略

若孩子在活動中感到較困難時，可以試試以下幾個方法：

1. 簡化背景

若題目較為雜亂，可以先用白紙將還沒有要做題目遮起來。

2. 漸進式協助

可以給予較明確的方向位置，讓孩子知道所有搜尋的目標物，當孩子有較好的搜尋策略後，就可以給予較大範圍的搜尋提示。

3. 善用工具

可以利用不同的色筆或使用手指指著目前正在完成的題目路線，這樣對於視覺的提示會更清楚明確。

活動難度

這個單元為中度困難的題型，適合 5 歲以上的孩子進行挑戰。但若較小的孩子有興趣且願意嘗試，也可以給予較多的引導來協助完成唷！

身體動一動

叫我飛毛腿

目標能力：提升視覺注意力、反應速度及視覺動作的協調性

所需器材

氣球、數名小朋友或家長

遊戲方法

1. 在跑步的狀態下，與隊友、家長互相擊掌或打擊氣球。
2. 組隊玩接力遊戲，需要將手上的物件傳給下一位夥伴後，夥伴才能出發，再將物件傳給下一個人，當物件被傳送到最後指定地點，方可結束遊戲／獲勝。

活動難度分級

在遊戲 2 中，若孩子較小，可以拿較大的物件，且跑步的距離可以較短。若孩子年紀較大，則可以使用小棍子或小沙包來當傳接物。

障礙賽！

來自不同隊伍的田徑好手，今天要來比賽誰收集的障礙物比較多。 這次田徑障礙賽的障礙很特別，是由不同形狀堆疊而成，小朋友，請幫忙數一數每個選手分別收集到了幾個不同的障礙物？若孩子尚不會寫數字，爸爸媽媽可以在小朋友數完後，幫忙填上數字唷！

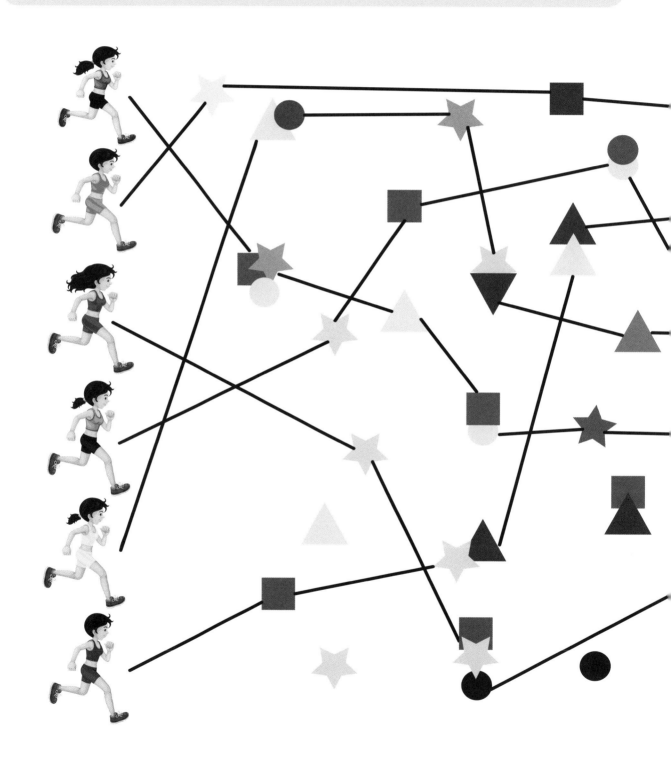

須運用視動整合和形狀知覺能力，有些形狀的邊邊被蓋住或疊在一起，小朋友須要辨識被擋住的圖形原先的樣子。可以一次記好一條路徑上所有形狀的數量（難），也可以一次只數一條路徑上的相同形狀數量（易）。

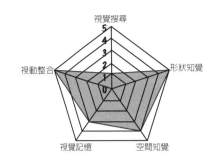

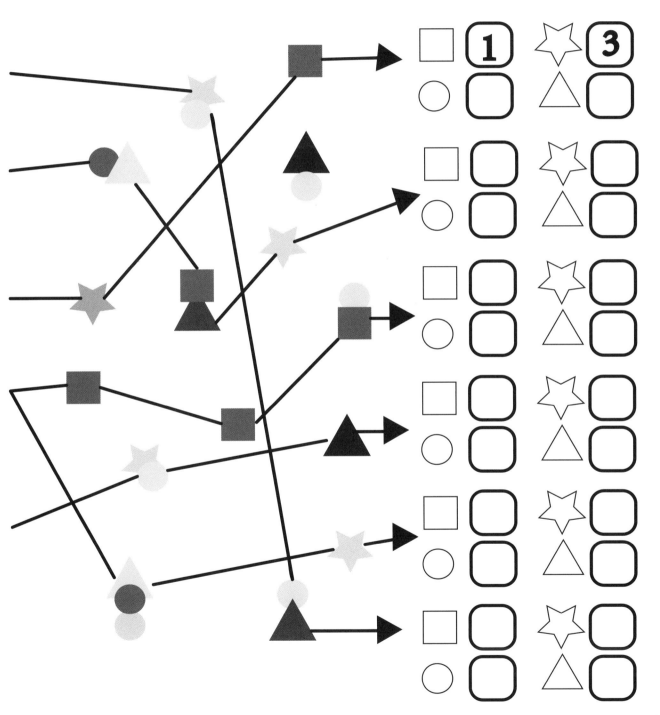

擲標槍！

擲標槍比賽，選手們要比賽誰的標槍擲得遠，最遠的人就可以獲得冠軍！小朋友，請幫忙把裁判測量到的標槍移動距離填在選手身邊的計分板上吧！

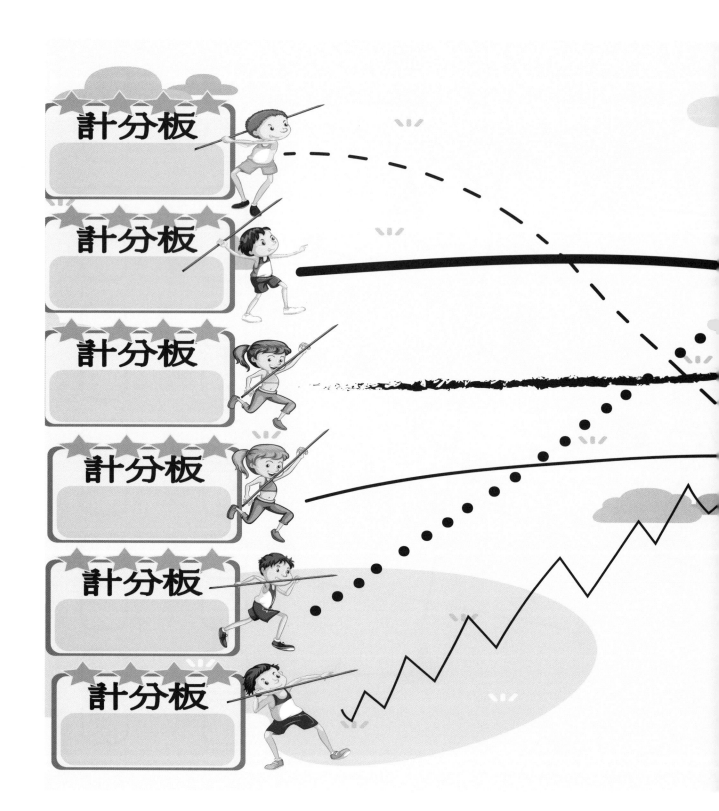

計分板

計分板

計分板

計分板

計分板

計分板

雷達圖分析

須運用視動整合、視覺記憶及視覺搜尋能力，小朋友須依照相同屬性的線條找到相對應的分數，並記得分數後填入答案。

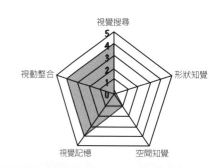

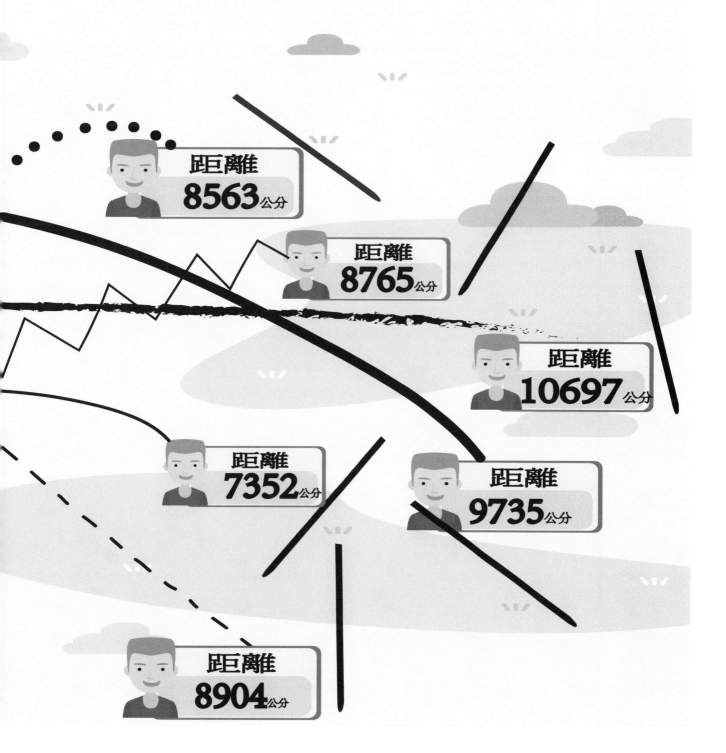

距離
8563公分

距離
8765公分

距離
10697公分

距離
7352公分

距離
9735公分

距離
8904公分

接力賽！

田徑接力賽是一項非常考驗團隊默契的賽事,選手們要看好同伴的位置,並把接力棒順利的傳接給下一個人!小朋友,現在場上的選手們都亂站位置,請你幫忙把同隊的選手找出來,並將其代表符號著上相同的顏色。

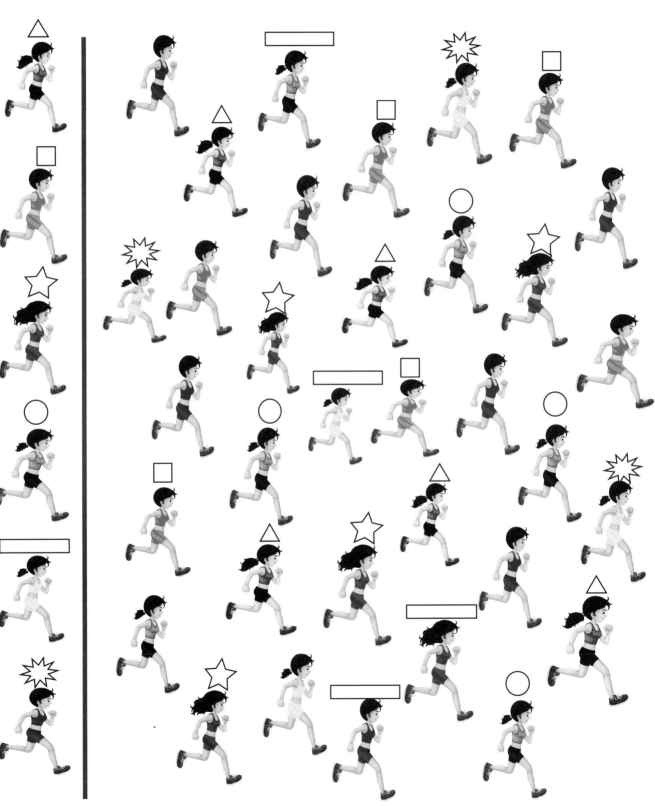

雷達圖分析

需運用視動整合和視覺搜尋的能力，在繁雜的背景中，找到目標選手。同時也需要較多的視覺注意力及注意力持續度唷！

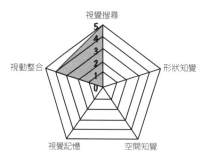

觀看馬拉松！

哇嗚！今天來看馬拉松比賽的人好多呀！來自世界各地的觀眾都來替自己國家的選手加油了！我們來玩個小遊戲，小朋友請你把「有戴眼鏡」的觀眾找出來，並且圈出來。

雷達圖分析

須運用非常多的視覺搜尋及視覺辨識能力,並在非常繁雜的背景中找到目標觀眾,可提示有戴眼鏡觀眾的方位(易),或完全不給予提示(難)。

馬拉松賽跑!

天呀!竟然有選手在比賽當中,忘記自己應該要跑哪一個方向了!這樣會跟別的選手碰撞在一起,超級危險!小朋友,請你們睜大眼睛,一起找出跑錯方向的選手並把他們圈出來!

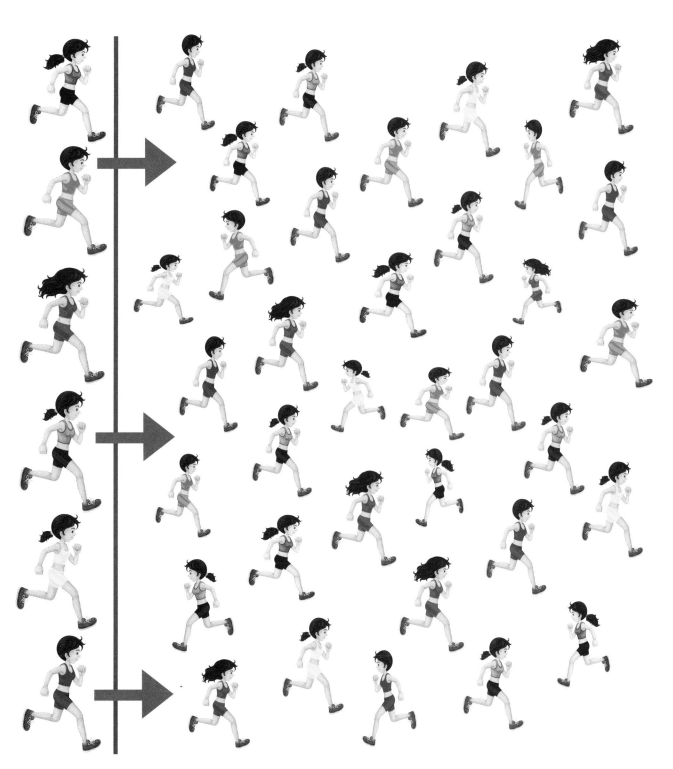

雷達圖分析

須運用非常多的視覺搜尋能力，同時在非常繁雜的背景中找到
跑錯方向的目標選手，因此也需要一定的耐心唷！

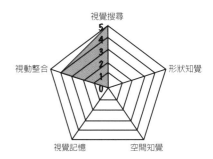

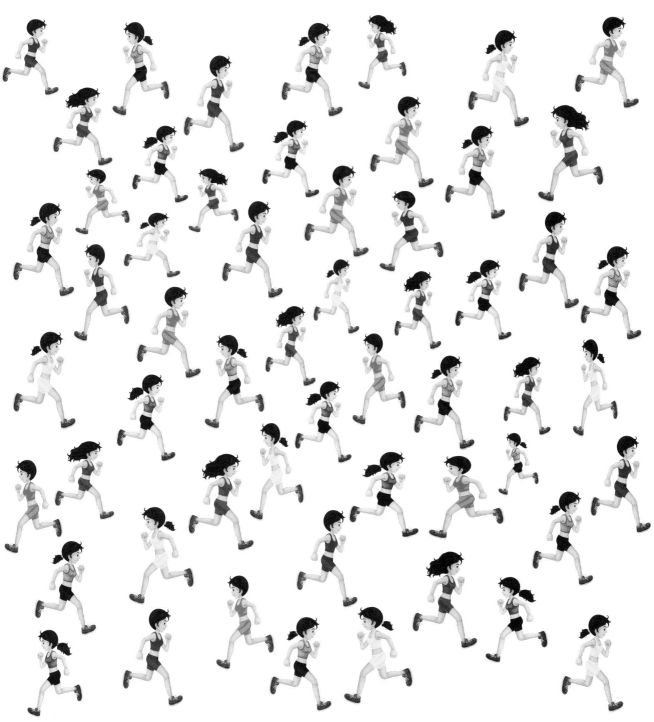

Part
4

綜合球類
籃球 / 棒球 / 足球

綜合球類與視知覺

足球、籃球、棒球都是我們熟悉的團體球類運動,三種球類都需要高度的專注力、肌耐力、動作協調、視覺空間與視動整合能力。在足球中除守門員外,球員只能運用手以外的部位接觸球,並以射入對方球門為目標;在籃球中需要穩定的視動整合能力來運球、拍球、傳接與投籃;在棒球中無論攻守,球員需具良好的視動整合能力以揮棒擊球與接球。不管是任何型態的球類運動,在傳接與投球的動作中,都能有效提升孩子的專注力與視知覺能力,假日時不妨抽空陪孩子來一場丟接球大賽吧!

引導策略

若孩子在活動中感到較為困難時,我們可以試試以下幾個辦法。

1. 漸進式協助
一開始先示範一題幫助孩子理解,若是孩子仍覺得困難可以使用手指、動作來輔助,給予孩子足夠的思考時間與正向鼓勵,孩子會更有動機參與。

2. 善用色筆輔助
遇到較為複雜的路線或圖案,可以引導孩子使用不同顏色的色筆先標註出來,再開始作答。

3. 背景簡單化
可以把還沒寫到的部分用一張白紙遮起來,縮小活動範圍,讓干擾孩子的因素降低。

活動難度

本單元為簡單～中等難度。中班以上的孩子在理解規則之後可能仍需少量協助,大班以上在理解規則之後可獨立完成。

身體動一動

球球大作戰

目標能力：提升視動整合能力、視覺空間、注意力與反應力

準備材料

各種大小的球數顆、白紙數張、報紙一張

遊戲方法

1. 先在白紙上寫下接球的部位，例如：手掌、腳掌、膝蓋、手肘等等。
2. 將報紙鋪在地上讓孩子站上去。
3. 抽一張剛剛寫的部位卡。
4. 球球大賽開始！家長可站在距報紙約 1m 的距離滾球，孩子需以抽到的指定部位接住球，但腳不能離開報紙。10 球後換人，誰接到最多球就獲勝囉！

難度調整

1. **球的大小**：一開始可選用大一點的球，如：籃球、排球等，球愈小、愈難以追視與接住。
2. **球的速度**：滾球的速度越快越難接住。
3. **報紙的大小**：一開始可以整張攤開給予孩子足夠的空間接球，接著可以慢慢摺小，挑戰孩子身體的控制，並須時時注意是否超線。

手肘

膝蓋

SPORTS 選手更衣室

比賽就要開始了，選手更衣室裡卻遇到大麻煩！棒球、籃球和足球選手們的球衣不小心被全部混在一起了！大家好著急，各位小朋友，你能成功把球衣找出來並在下方表格標上球衣的號碼嗎？

提示：「兩頁需要一起找，答案只有一個喔！」

作答區

___號棒球服	___號棒球服	___號棒球服	___號籃球服	___號籃球服

主要練習視覺區辨與視覺搜尋能力，需要孩子細節的區辨能力，記住每個圖像的細節特徵且在不同大小、方向、顏色組合的物件中依照輪廓搜尋並辨認出目標物件。

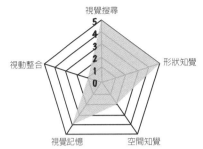

作答區

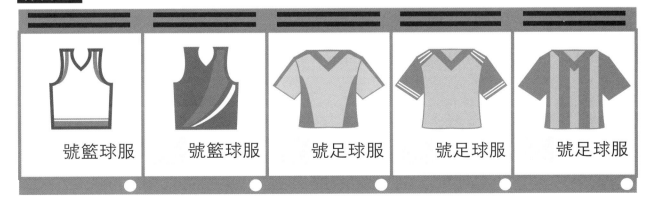

| 號籃球服 | 號籃球服 | 號足球服 | 號足球服 | 號足球服 |

SPORTS 25 宮格球類大挑戰

呼～整理完球衣後，發現還有球與用具須要整理。小朋友，可以請你幫忙選手將下面的球與用具，對照上面的球類編號，將其填入右頁對應的格子中嗎？(例如：棒球是3號，就要填到右頁同一格子中)

1 足球　　**2** 排球　　**3** 棒球　　**4** 籃球　　**5** 棒球手套

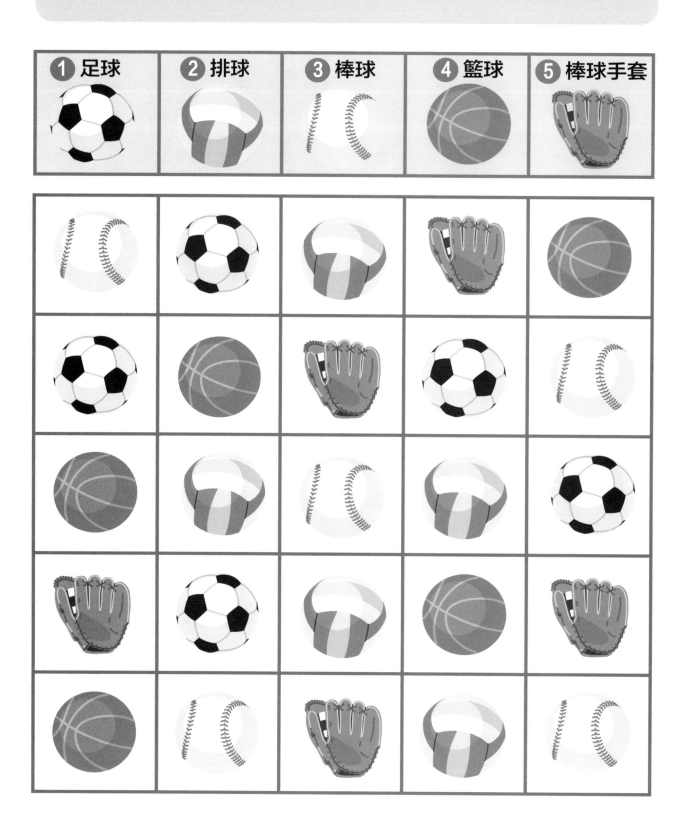

雷達圖分析

主要練習視覺區辨與視覺空間能力，需要孩子先認識各項球類並記住其外貌，再左右對應相同格子將題目編號填入，對於抄寫的品質與速度有幫助唷！

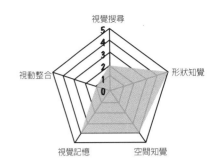

25宮格對應作答區

3				

SPORTS 來場全壘打

棒球比賽開始了，小朋友請依照路線找出各個隊伍的應援號碼並填寫在選手旁的圈圈中，再數一數路線上的棒球數量就能知道各隊伍的全壘打有幾顆唷！

應援號碼

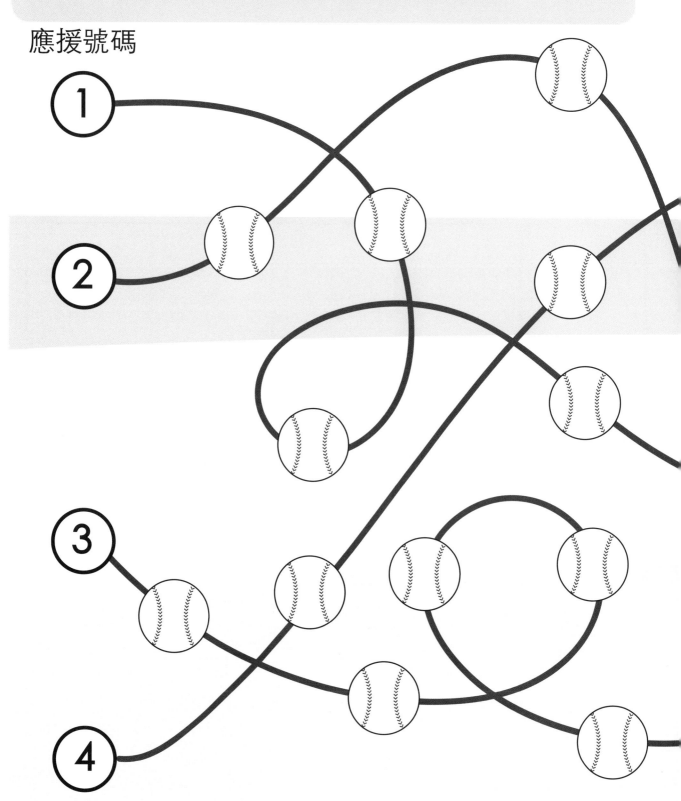

雷達圖分析

主要練習視覺追視穩定度與視覺主題背景區辨能力，需要孩子從複雜的背景與線段中區辨出目標路線，才能正確找到終點並數出數量，對於孩子在閱讀中穩定不跳行的能力有幫助。若孩子無法自行完成，可用不同顏色的色筆先描出路線再數數量，會較容易達成唷！

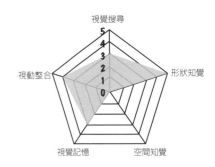

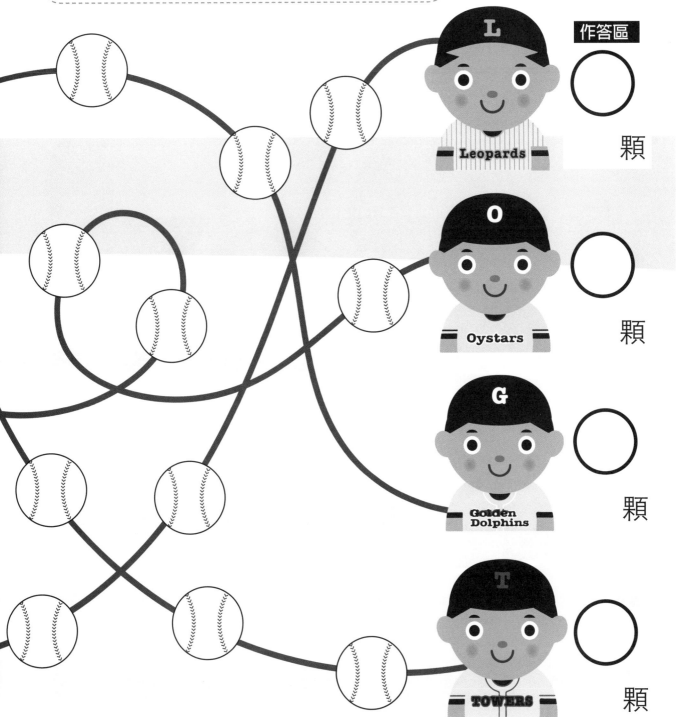

作答區

○ 顆

○ 顆

○ 顆

○ 顆

SPORTS 籃球對決

緊張刺激的籃球賽要開始了，我們必須在比賽前將籃球遺失的碎片找到才能順利進行。小朋友，請你從右頁的籃球碎片中找到不見的籃球拼圖，再填入下方的空格中。

作答區

雷達圖分析

主要練習視覺空間與視覺區辨能力，需要孩子先區辨球上紋路走向、排列、方向，記憶後到右頁搜尋並區辨出正確的組合。若孩子無法完成，可將本頁複印後剪下，再對應到左頁的空格中就能簡單找到缺漏的拼圖。

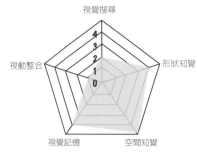

SPORTS 足球彩繪家

多虧你的幫忙，籃球賽順利結束了！來放鬆一下，一起彩繪足球吧！請先將下面的足球按照上方指定號碼塗上顏色，接著找到和右頁配色組合相同的足球，將英文代號填入右頁的足球當中吧！

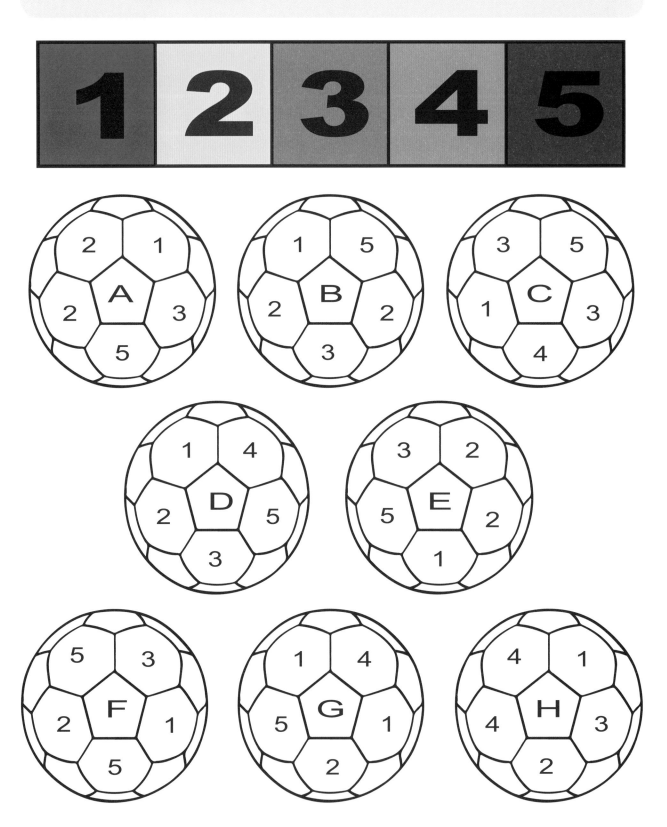

雷達圖分析

主要練習視覺對應與視覺空間能力，需要孩子先按照指定號碼著色，再左右對照，找出對應顏色組合相同的足球。如果還不會書寫英文字母的孩子，家長改以著同樣顏色的方式來完成唷！

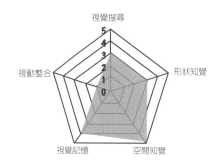

提示：請依照左頁的塗色結果，找到配色相同的足球，並將足球的代號填入足球中。

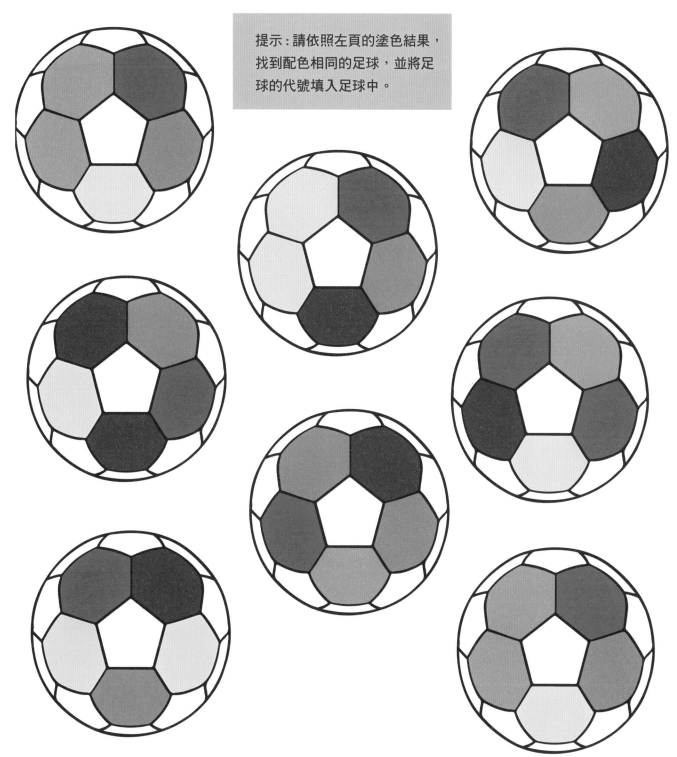

網球 / 桌球 / 羽球

運動與視知覺

在本單元中融合桌球、網球以及羽球等運動，讓孩子在這小球的世界中集中注意力與選手們完成所有賽事！在這些球類運動中，因球的體積較小、速度快，對於視覺注意力以及追視能力是相當大的挑戰，並且身體須要同時做出相對應的動作予以反擊，在視動的協調以及整合也佔有相當大的比例。另外在衝動控制的部分，在運動過程中須要時時注意身體以及肌肉使用的力量，不只是速度快的動作也對於些微動作以及力量的調整十分重要，對於容易力道過猛或是動作過大常常不注意的孩子是非常適合的運動之一。

引導策略

若孩子在活動中感到較為困難時，我們可以試試以下幾個辦法。

1. 拆解活動
不用一次把一個回合寫完，每個活動可以分次完成，重點是讓孩子可以在過程中想辦法。

2. 想想之前怎麼辦
家長可以提示孩子在前面的單元中有練習過什麼技巧，是不是很像呢？讓孩子嘗試應用看看前面單元的技巧。

3. 背景簡單化
可以把還沒寫到的部分用一張白紙遮起來，縮小活動範圍，讓干擾孩子的因素降低。

活動難度

本單元難度落在中等，年齡約五歲以上的孩子可以獨立完成，五歲以下的孩子可能須要些微引導以及協助。

身體動一動

跳跳乒乓球

目標能力：追視能力以及視動整合能力

準備材料

大小或是顏色不同的乒乓球 / 跳跳球、彩色膠帶

遊戲方法

1. 在地板使用彩色膠帶貼一條線作為界線並請孩子站在線的後方。
2. 準備一桶乒乓球或是跳跳球。
3. 將球往地板彈地一次後請孩子接住。

難度調整

1. **規則的限制**：如只能接彈地一次的球，沒有彈地的不能接。
2. **是否需要篩選球**：若是不同顏色的球可以指定要接的顏色，例如：只能接紅色。
3. **球的方向**：每一球的方向差距愈大孩子的反應速度需要愈快。
4. **丟球的速度**：待孩子熟悉後可增加丟球的速度。

機場大混亂

選手們終於抵達東京了！但是一下飛機發現大家的行李都混在一起了，請小朋友幫忙找看看，在一片混亂中找到東西並參照左頁選手的行李清單，在右頁的物品標上相對應的數字，將東西物歸原主。

1 2 3 4

5 6 7 8

9 10 11 12

13 14 15 16

17 18 19 20

21 22 23 24

雷達圖分析

孩子會運用到較多的視覺搜尋以及區辨能力，且在視覺完形的能力上會有較大的挑戰，訓練孩子在看到物品的一些特徵後可否能認出其完整的樣貌，另外在注意力部分因為需要左右參照，對於轉移注意力也有相當的挑戰。

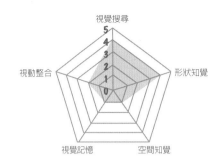

作答區

暖身訓練──桌球

比賽前要上緊發條，教練開了一系列的訓練清單要讓桌球選手們暖身練習，正拍、反拍、上旋球、下旋球密密麻麻讓大家眼花撩亂，請小朋友幫忙做記號讓選手們可以看得更清楚。請將上旋球（球拍朝上）塗上紅色，下旋球（球拍朝下）塗上黃色，反拍（拍面朝左）塗上綠色，正拍（拍面朝右）塗上藍色。

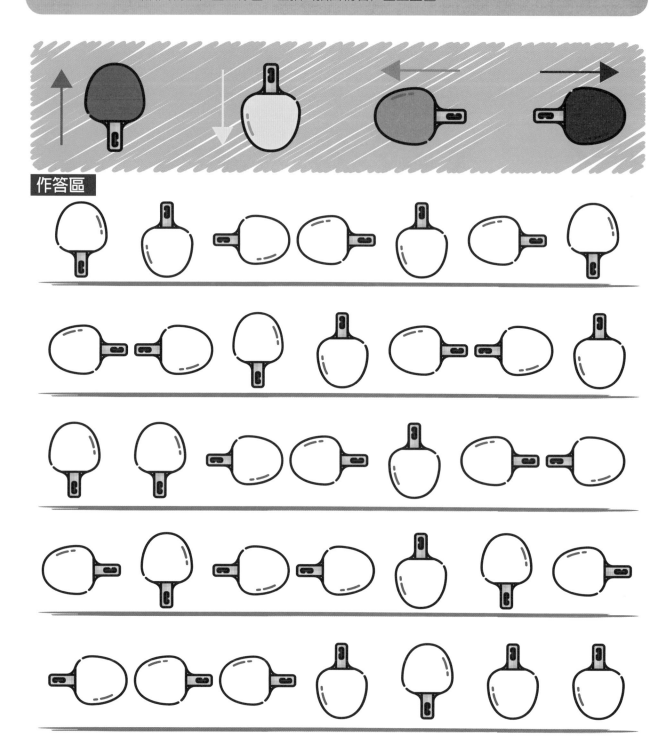

雷達圖分析

主要是訓練孩子們空間知覺的部分，區辨上下左右的方向性，在左頁題中有提供線條的線索讓孩子在搜尋的過程中有對照線可以一排一排尋找，在右頁題中，所有的題目排列不一，需要更高技巧的搜尋能力以及策略。

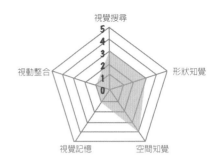

作答區

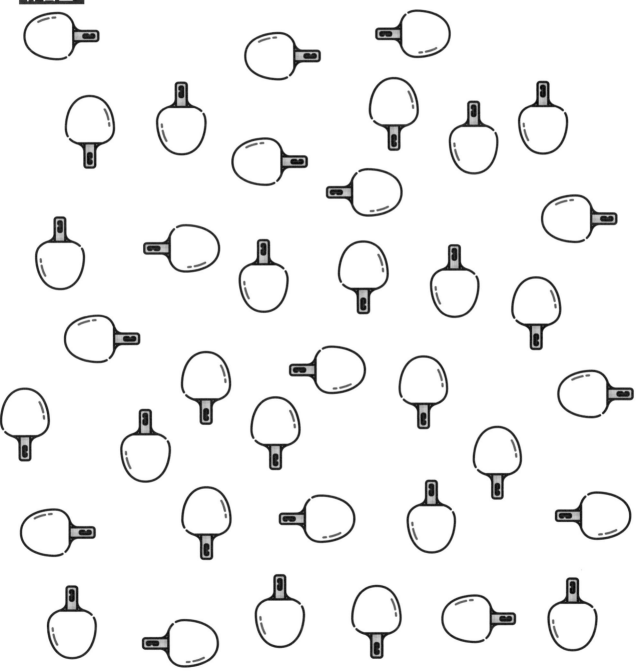

暖身訓練——網球

網球選手的暖身也不馬虎，兩兩一組對打，並且要把球打到教練指定的位置上。請小朋友跟著選手一起練習，對照左頁的題目編號，參照教練指定的位置，在右頁的相同方位畫上圓形，把球打進指定的位子吧！

提示：球場一共分為 10 個區域，只要將球畫在同一個區域即可。

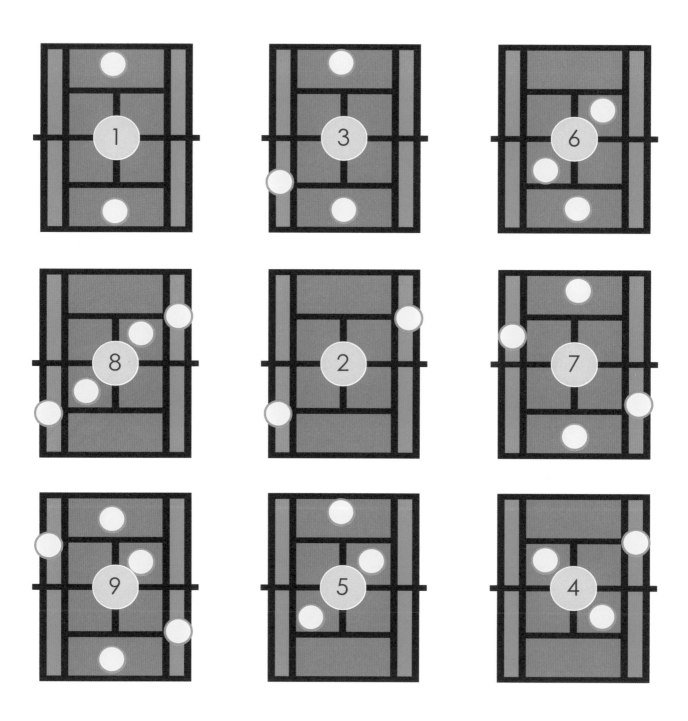

74

雷達圖分析

主要是訓練孩子空間抄寫以及參照的能力，需要左右來回確認仿畫的位子是否相同，另外在方位的辨認上也需要較高的技巧，因為來回參照會耗費相當的能量，建議可分階段完成題目，例如一次完成一列。

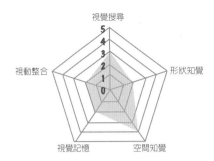

作答區

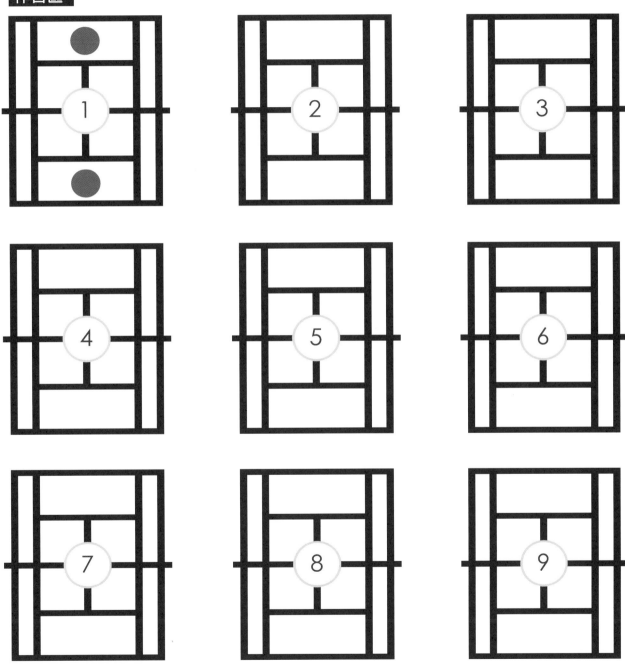

暖身訓練──羽球

賽事即將開打，羽球天后小戴的訓練清單也是一大挑戰，請小朋友跟著小戴一起完成暖身吧！請將左頁的清單題目中的羽球的顏色以及順序記起來，並到右頁的羽球場上依照記憶塗上相對應的顏色以及順序。

提示：在這一單元中，需要照顧者幫忙在孩子記完之後把題目遮起來，看看孩子一次能夠記幾個呢？

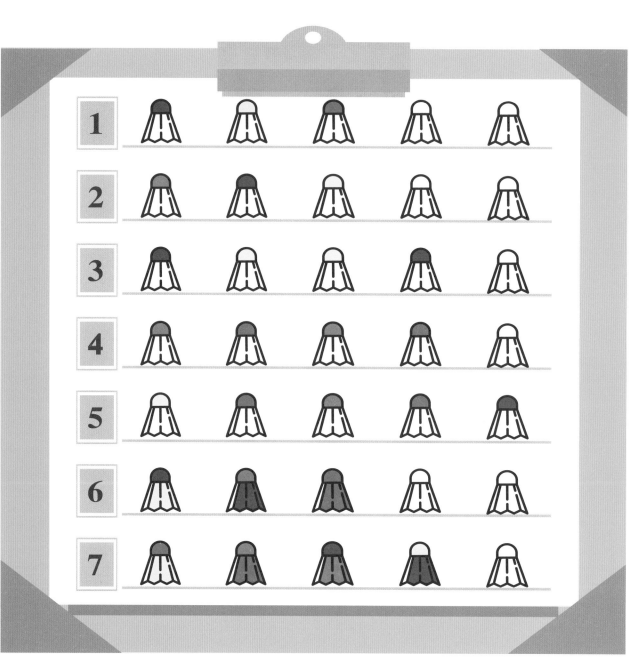

雷達圖分析

在這一單元中，對於視覺記憶有相當大的考驗，在引導孩子的過程中，可試試看孩子一次可以記住幾個項目，若孩子無法一次記住一整題可以依照孩子的能力，分次完成，例如一次完成一列。

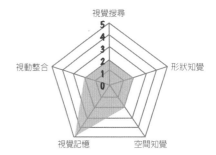

作答區

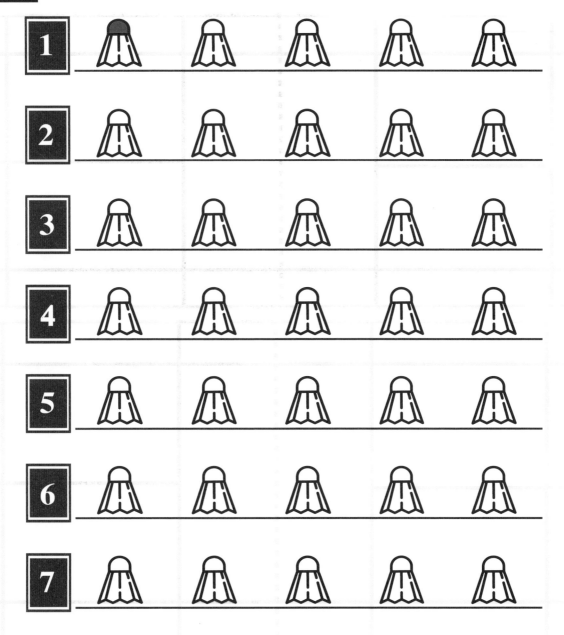

比賽開始，爭奪金牌吧！

哨聲響起，比賽開始！請小朋友協助選手們一起把球回擊得分，請小朋友選擇自己喜歡的顏色，從球開始，用手或筆沿著虛線描畫，成功找出落球點。配合著今年賽事，一起幫台灣好手加油！

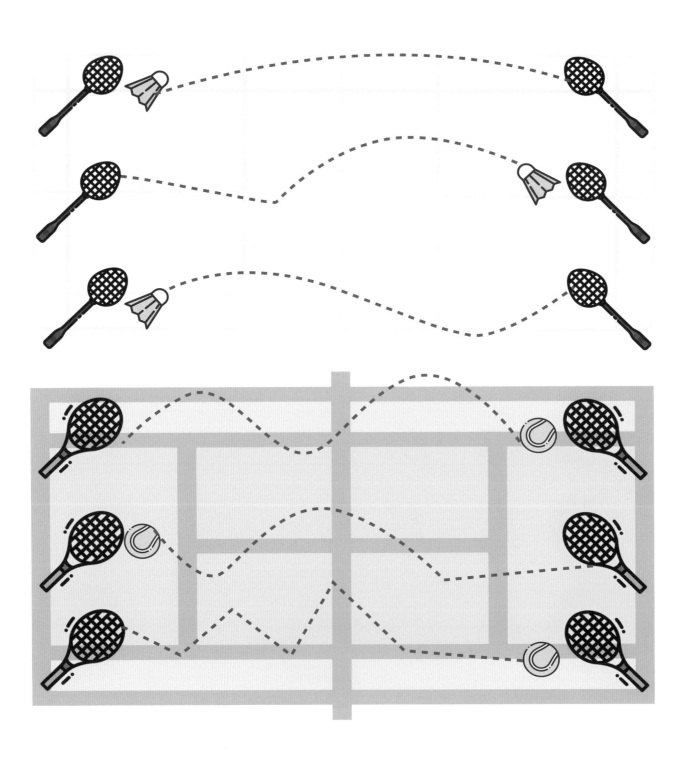

雷達圖分析

主要是訓練孩子的視動整合、手眼協調的部分，活動中配合眼球慢速追視，手也要跟著移動避免畫超出線條。建議可以先用鉛筆練習再使用彩色筆試試看，日常生活中也可使用不同材質的筆以及畫紙讓孩子感受其中差異。

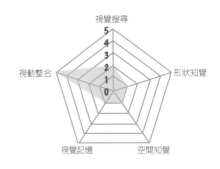

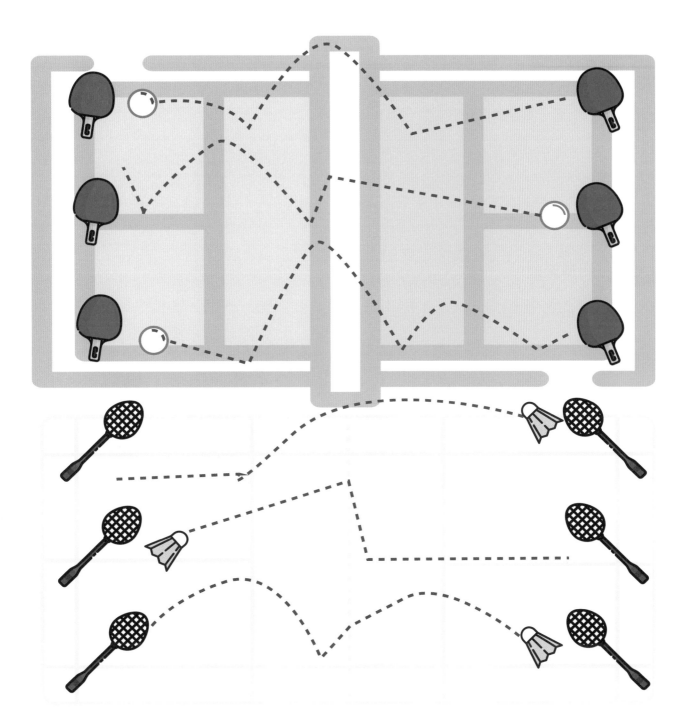

Part 6 體操
競技體操／韻律體操／彈網

體操與視知覺

在體操的項目中，包含有競技體操（單槓、雙槓、鞍馬、吊環、跳馬、高低槓、平衡木、地板）、韻律體操及彈網。體操比賽中，非常需要身體動作平順的協調性及身體核心肌耐力，才能將動作做到順暢、完美。在體操的項目中，無論是否有運用道具，都需要搭配良好的視覺動作整合能力，因此在生活中，除了讓孩子練習身體的核心肌力以外，也可以藉由簡單拋／接遊戲來練習，例如：將氣球丟到空中後，做三個開合跳後再將氣球接住等。

引導策略

若孩子在活動中感到較困難時，可以試試以下幾個方法：
1. 簡化背景
若題目較為雜亂，可以先用白紙將還沒有要做題目遮起來。
2. 漸進式協助
可以引導孩子依照不同的區域搜尋（從明確指出需要搜尋的位置至漸漸只需要提示上下左右等方位即可）或依照數字順序去作答。
3. 想想之前怎麼辦
引導孩子思考先前做過的類似活動，自己是怎麼克服困難的，就算需要引導也沒有關係，因為重點是要讓孩子自己想方式解決！

活動難度

此單元為簡單～中度的難度，適合幼兒園中班以上的孩子。

身體動一動

花式氣球賽

目標能力：提升視覺注意力、手眼協調能力、身體核心力量

準備材料

各色氣球、任務卡（每人 10 張，卡片上會有任務圖或文字）

遊戲方法

1. 每個人選好自己喜歡的氣球顏色。
2. 抽取這一回合的任務卡，卡片上會寫上要執行的任務。
3. 將氣球大力地拋至空中，越高越好。
4. 在氣球未落下前，須完成任務卡上的任務及次數。
5. 做完任務及接到氣球者獲勝。

難度調整

1. 較小的孩子，任務卡上的動作要較簡單且次數少。
2. 遊戲方式可以是個人賽或以團體賽方式輪流進行。
3. 個人賽部分，做完一張任務卡就可以接著翻下一張牌，先全部完成者獲勝。
4. 團體賽部分，每個人可以先抽取任務卡，但須要依照順序來進行活動，等到每個人都完成後，方可結束比賽。

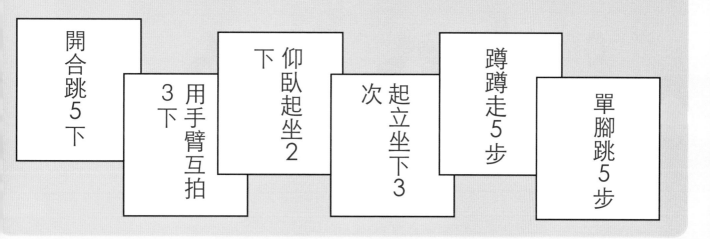

開合跳5下　　用手臂互拍3下　　仰臥起坐2下　　起立坐下3次　　蹲蹲走5步　　單腳跳5步

選手一起來熱身！

來自各國的體操選手在準備要上場比賽了！但在比賽前需做足暖身運動，這樣在正式比賽時才不會受傷唷！小朋友，我們一起來找一找，左右兩區塊有沒有不一樣的地方？每個區塊中共有六個不一樣的地方唷，請在右頁圈選出來。

雷達圖分析

本單元需要較多的視覺搜尋能力，可以一次觀察一個顏色區塊，來尋找不一樣的地方，若太困難則可以利用白紙，將尚未需要尋找的左右區塊皆遮起來，這樣可以降低難度。

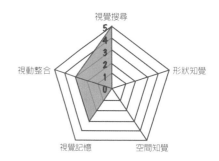

作答區

比賽順序！

每個比賽都依照規則進行抽籤來決定上場的先後順序！可是……選手們因為沒有專心看抽籤結果，所以忘記自己上場的順序了！小朋友請幫忙選手對照左頁國旗的比賽順序，在右頁把每一項比賽的正確出場順序圈出來來吧！

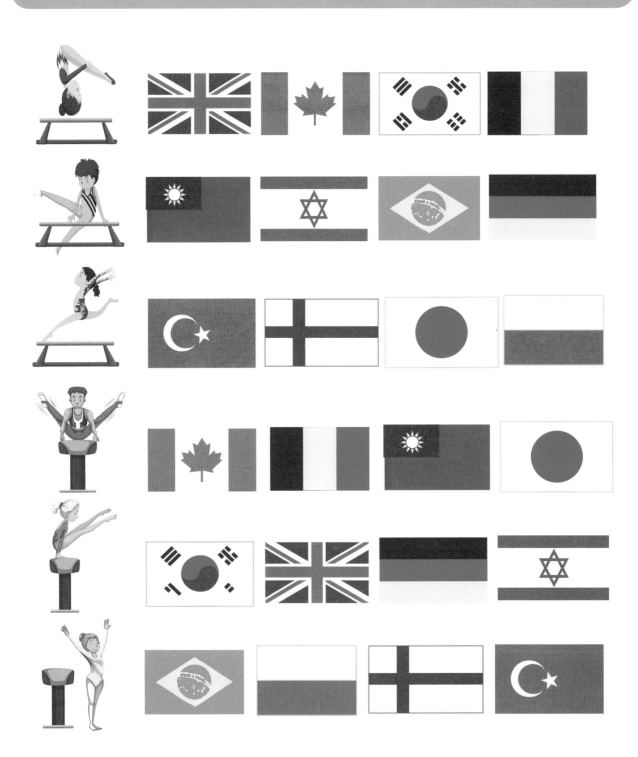

雷達圖分析

本單元需要視覺搜尋和視動區辨能力，小朋友須要依照國旗的順序及特徵選出正確的答案。可以一次將一組隊的順序記起來後再做搜尋（難），或一個一個慢慢對照（易）

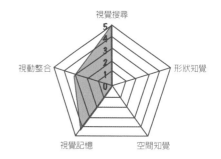

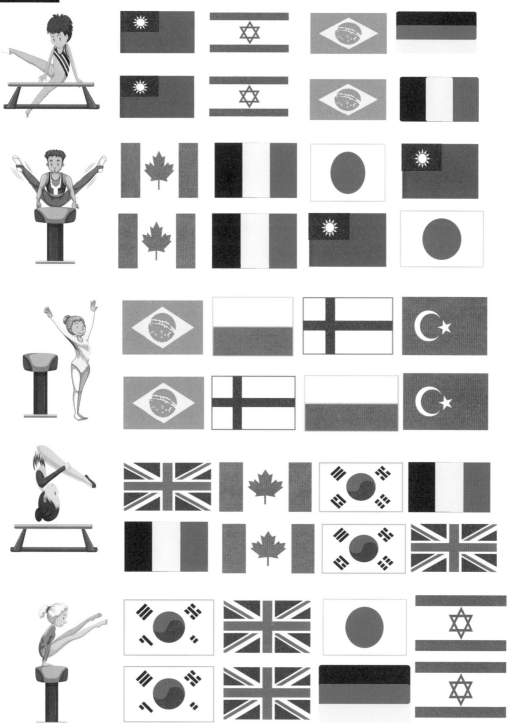

地板體操！

哇！原來地板體操會用到各種不同的道具耶！有球、彩帶、棍棒等等，選手們會利用不同的道具，展現身體的力與美！可是……選手們卻忘記自己的道具是哪種顏色。小朋友請幫幫忙，對照左頁，幫選手把對的顏色塗在右頁的道具上，才不會拿到別人的道具！

雷達圖分析

本單元需要視覺搜尋和視動整合能力，小朋友需要依照選手的服裝或動作去找到相對應的人物並在她的道具上塗上對的顏色。若能力許可，可以一次記憶多個選手（難），但也可以一次尋找一位選手（易）即可。

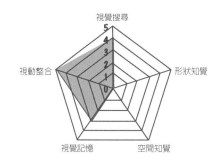

鞍馬項目

哇！好多來自不同地區的鞍馬選手，他們在鞍馬上的動作都好漂亮。不過裁判忘記戴眼鏡了！無法分辨哪些選手是同一隊的，第一組：紅色＋黃色，第二組：粉紅＋綠色，第三組：藍色。小朋友請幫幫裁判吧！

提示：顏色相同即可。

雷達圖分析

本單元需要較多的視覺搜尋能力,在引導過程中,可以一次記住數個組別的顏色或一次記一個組別的顏色,可依孩子不同的能力做難易度調整。

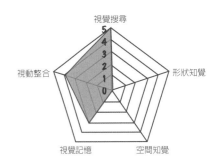

作答區

計分板！

體操選手個個身懷絕技，誰會得到最高分呢？這次的奧運體操比賽總共邀請了三個裁判，裁判分別把分數寫在記分板上，但是場邊的記錄員卻把分數搞混了！請大家一起來幫幫忙，對照左頁的比賽項目，在右頁幫記錄員把對的分數圈起來。

雷達圖分析

本單元須運用大量的視覺搜尋和視動整合能力，小朋友須要先找到同一位選手，再從分數欄中搜尋到正確的數字並作記號。若能力許可，可以一次記憶一位選手的三個分數（難），或一次記一個分數（易）。

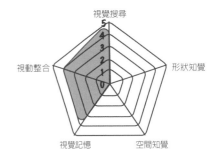

作答區

97	82
78	⬤71
84	33

84	85
73	87
65	37

40	68
86	65
83	78

95	73
86	60
82	75

65	67
76	86
85	68

69	80
71	69
70	96

現代五項
馬術／擊劍／游泳／賽跑／射擊

 現代五項與視知覺

現代五項比賽包含了馬術、擊劍、游泳、賽跑與射擊五項運動，看似毫不相干的運動，傳說是源自一位法國傳令兵，因為馬被射殺了，只好以槍、劍迎戰敵軍，最後泳渡大河並跑步返回才終於完成任務，此後拿破崙便將此五項運動列為士兵必受之訓練。在奧運比賽中，所有項目須在一天時間內完成，考驗運動員的綜合運動水平與體力。其中馬術、擊劍與射擊和視知覺有較密切的關係，需要大量的視覺空間、視覺區辨與視動整合能力以完成。

 引導策略

孩子在活動中感到較為困難時，我們可以試試以下幾個辦法。

1. 漸進式協助

開始先示範一題幫助孩子理解，若是孩子仍覺得困難可以使用手指、動作來輔助，給予孩子足夠的思考時間與正向鼓勵，孩子會更有動機參與。

2. 善用色筆輔助

遇到較為複雜的路線或圖案，可以引導孩子使用不同顏色的色筆先標註出來，再開始作答。

3. 背景簡單化

可以把還沒寫到的部分用一張白紙遮起來，縮小活動範圍，讓干擾孩子的因素降低。

 活動難度

本單元為中等～中高難度。大班以下的孩子在理解規則之後可能仍須協助，小學以上在理解規則之後可獨立完成。

身 體 動 一 動

小小馬術師

目標能力：提升視動整合能力、視覺序列記憶與雙側協調能力

 準備材料

掃把 1 支、巧拼數個、塑膠長棍 2 支

 遊戲方法

1. 在地上任意擺放數個巧拼，由家長任意敲出巧拼順序，孩子需要雙腳夾住掃把，像騎馬一樣按照順序跳躍。
2. 孩子雙腳夾住掃把，家長站在距離孩子 2 公尺處滾動塑膠棍，孩子須在棍子滾向自己時跳過棍子，過程中掃把不能掉落。

 難度調整

1. **巧拼的多寡與順序的廣度**：當巧拼越多，記憶的干擾就越多；當敲擊的順序越長，孩子需要記憶的長度就越長，自然提升難度。
2. **長棍滾動的速度與長棍的數量**：滾愈快愈難，連續滾動愈多根棍子，也愈挑戰孩子的反應速度。

第一項——馬術

馬術比賽即將開始，選手們須要騎馬跨越多個障礙物，小朋友請你幫忙數一數，從起點到終點，選手們須要通過幾個不同的障礙物呢？請填在表格中唷！

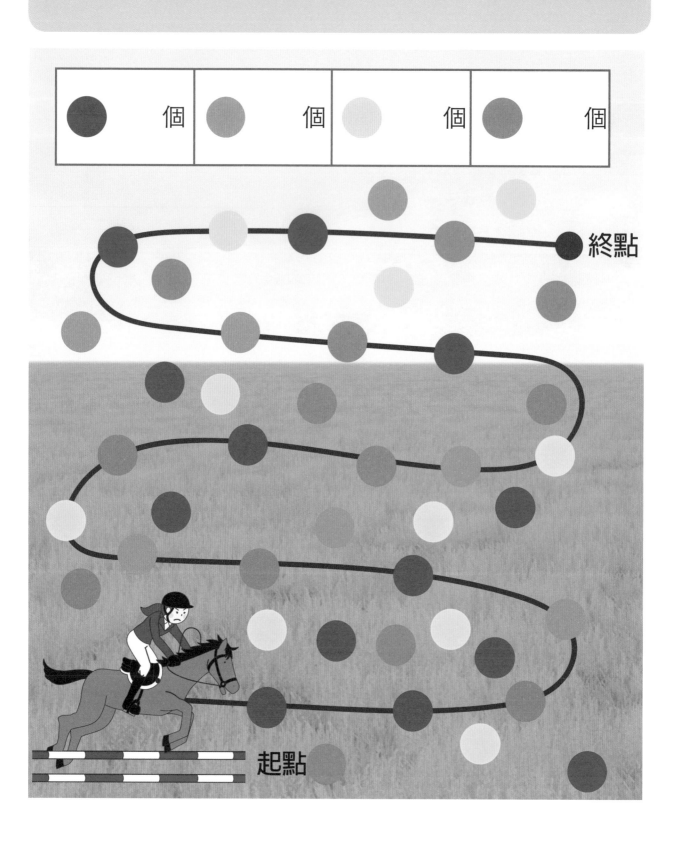

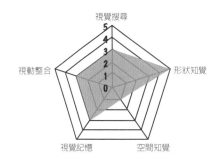
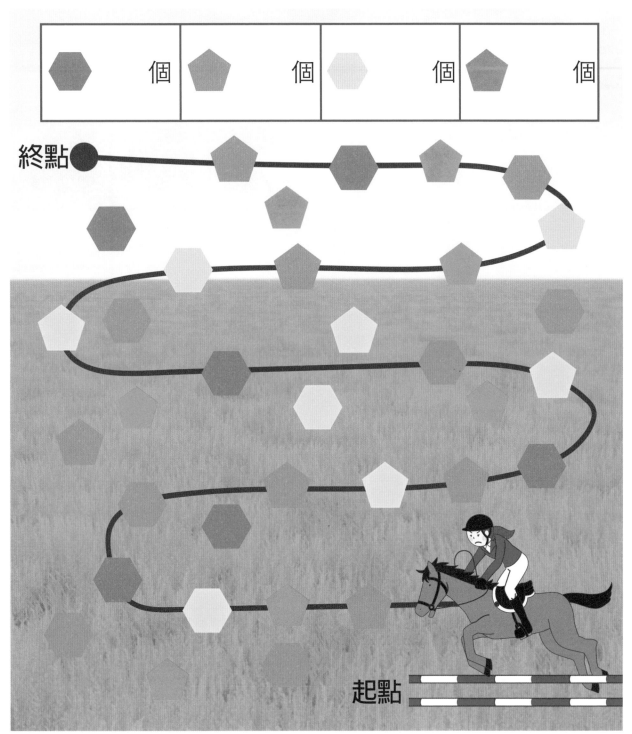

第二項——擊劍

恭喜選手們順利通過第一項挑戰，接下來擊劍比賽即將登場。小朋友，請你依照題目裝備的順序走迷宮，從左頁起點的紅色格子走到右頁終點的綠色格子，幫忙選手準備比賽裝備。

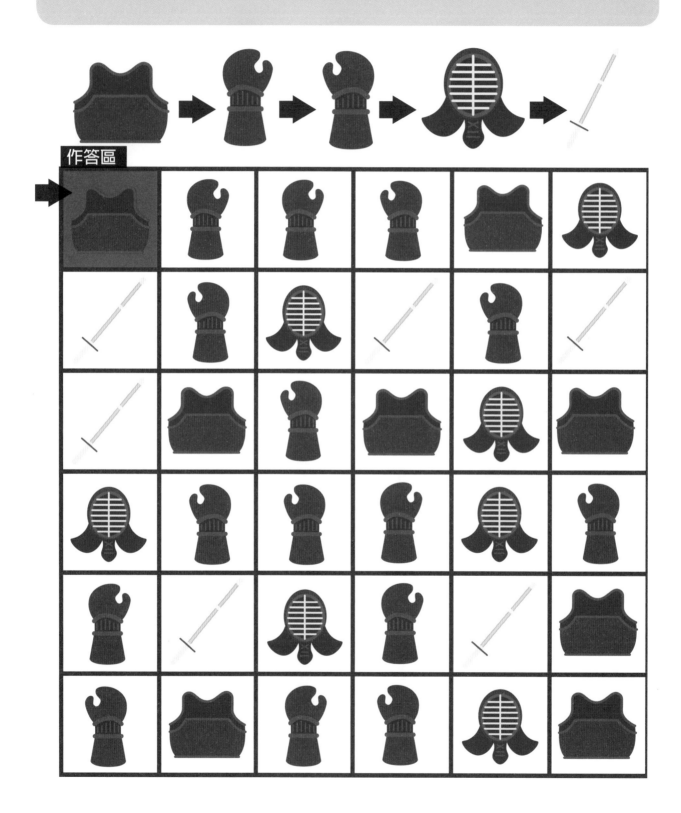

雷達圖分析

本單元主要練習視覺視覺區辨與序列記憶，孩子須要先區辨裝備並記憶序列，再按照順序走迷宮。建議一開始可以先教孩子如何區辨比較難的手套方向，再帶著孩子用色筆連線。

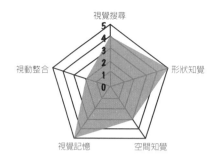

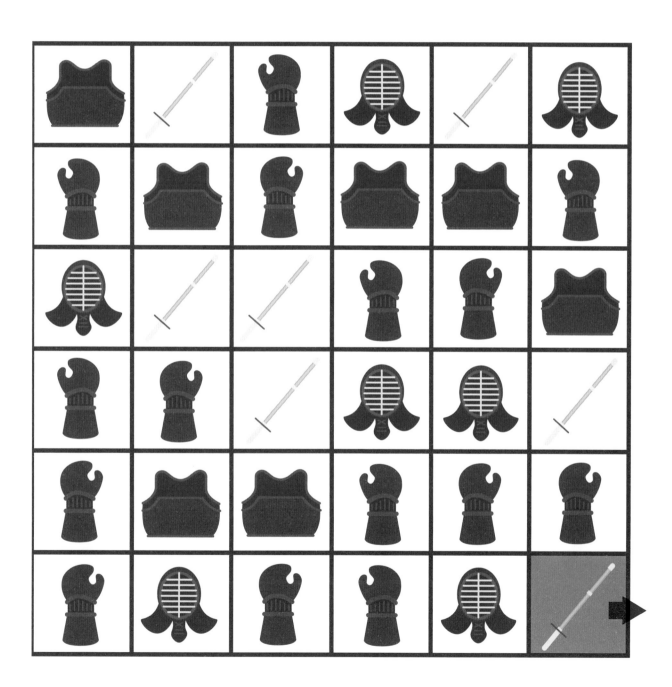

第三項——游泳

第三項比賽為游泳，選手們需要完成挑戰以累積積分。不好了，大會不小心把各個隊伍的用品混在一起了！小朋友，能請你幫忙清點各種顏色的泳衣、泳帽、泳袋及泳褲各有幾件嗎？

雷達圖分析

本單元主要練習視覺區辨與主題背景區辨能力，需要孩子從複雜背景中區辨出物品與顏色組合，並對應到相應的位置填入。可先帶孩子理解表格中每一格的意思，例如：第一行第一格代表紅色泳衣，再進行填寫。

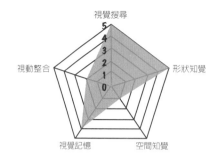

作答區

混合項目——賽跑與射擊

最後的混合項目為賽跑與射擊，選手們須要賽跑至射擊場射擊。左頁為各國跑射聯項的秒數，需要小朋友將紅與綠的位置疊加，畫在 102 頁以得到正確的秒數；右頁為各國射擊的彈孔分佈，請數一數並填至 103 頁的表格中唷！(兩項比賽皆須作答在下一跨頁)

※ 跑射聯項秒數資料取自 2016 年夏季奧林匹克運動會男子現代五項比賽真實成績

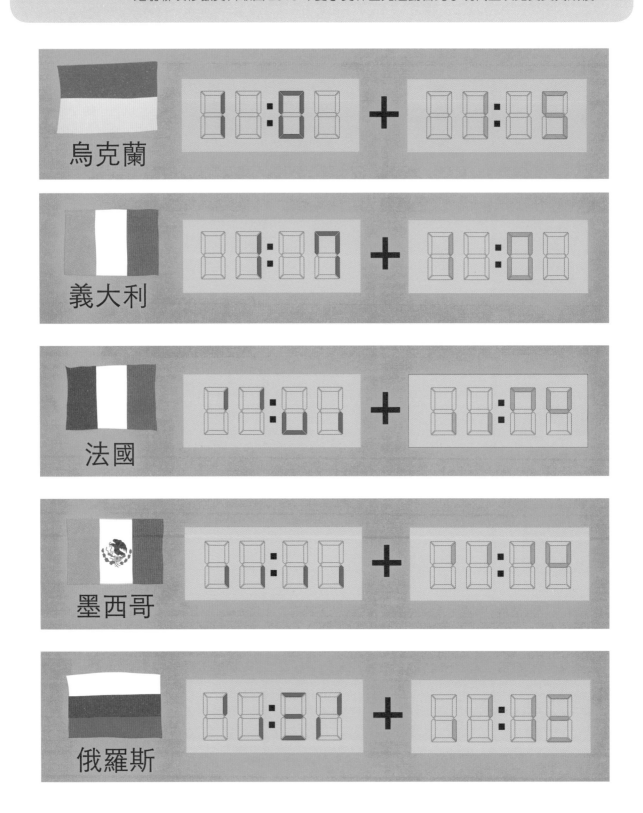

雷達圖分析

本單元主要練習視覺區辨、對應與視覺記憶能力。在秒數挑戰中,孩子須要記憶對應位置並著色至下一頁才能得到正確的秒數;在靶計分挑戰中,孩子須要區辨不同區塊並有效計算,不能任意跳行混淆,考驗孩子追視與記憶的穩定度。

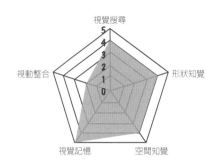

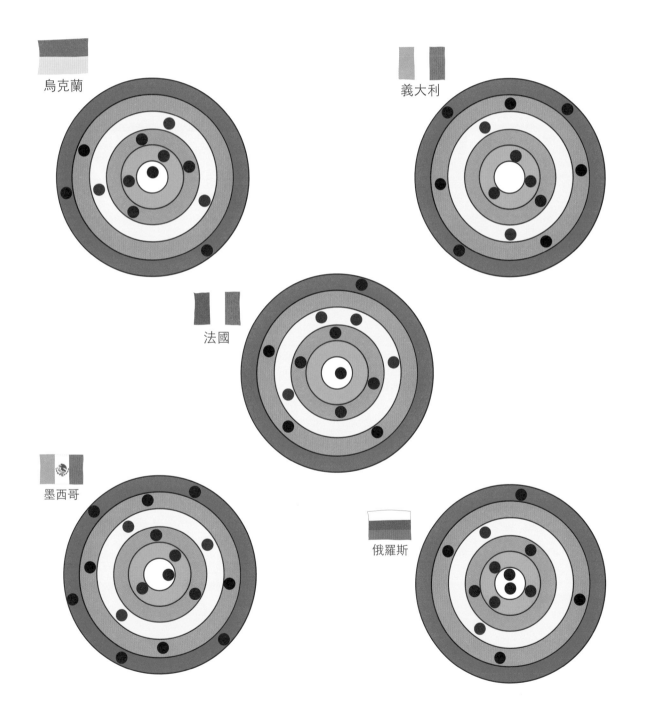

烏克蘭

義大利

法國

墨西哥

俄羅斯

混合項目──賽跑與射擊計分表

請小朋友往前翻查一查秒數與射擊分佈，並記錄在這一頁唷！(將紅綠色塊疊加時，要看清楚位置，數字才會成功出現唷！)

作答區

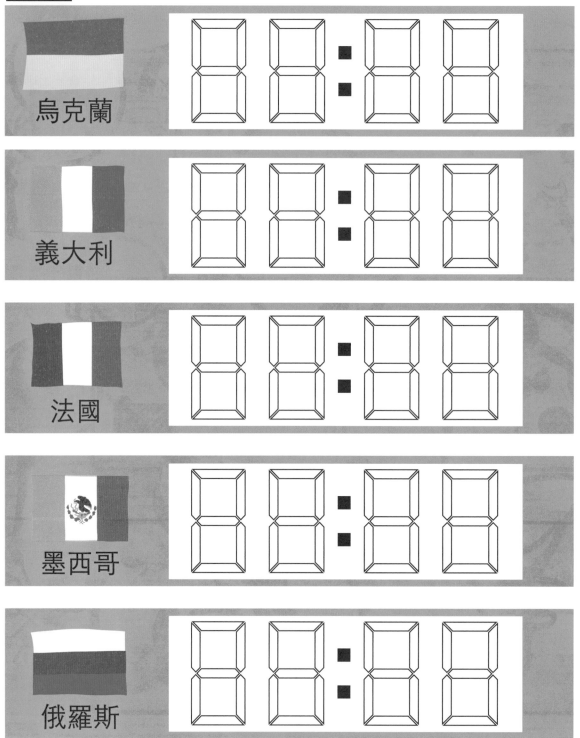

102

射擊各國計分表

	烏克蘭	義大利	俄羅斯	墨西哥	法國

Part 8

馬術 / 自由車

運動與視知覺

在本單元中融合自由車以及馬術，讓孩子在情境中除了認識運動外也能訓練專注力。腳踏車以及滑步車對於孩子來說是很容易接觸到的運動，在騎乘的過程中除了平衡也需要雙側的協調能力。對於較多障礙或是公園以外的地方更需要注意危險以及路況，除了視動協調外也需要轉移性以及交替性的注意力，同時注意多方向的狀況。另外對於整體的方向以及空間概念也有相當的要求。馬術部分雖然在台灣比較少接觸到，但馬術治療也日漸發展，騎乘的過程中除了訓練整體協調以及穩定度外，與動物的相處溝通也能在心理、人際互動技巧部分有所助益。

引導策略

若孩子在活動中感到較為困難時，我們可以試試以下幾個辦法。

1. 拆解活動
不用一次把一個回合寫完，每個活動可以分次完成，重點是讓孩子可以在過程中去想辦法。

2. 想想之前怎麼辦？
家長可以提示孩子在前面的單元中有練習過什麼技巧，是不是很像呢？讓孩子去應用看看前面單元的技巧。

3. 背景簡單化
可以把還沒寫到的部分用一張白紙遮起來，縮小活動範圍，讓干擾孩子的因素降低。

活動難度 🖍🖍🖍🖍 ~ 🖍🖍🖍🖍🖍

單元難度較高，年齡約六至七歲的孩子可以獨立完成，六歲以下的孩子可能需要些微引導以及協助。

身體動一動

自由障礙賽

目標能力：視動整合能力、快速掃視、注意力持續度

準備材料

不同顏色的三角錐或是目標物品、彩色膠帶、腳踏車 / 滑步車 / 跳跳馬

遊戲方法

1. 到室外的公園或是操場，或在室內地板使用彩色膠帶貼跑道。
2. 在跑道左右兩側或是跑道中放置障礙物。
3. 請小朋友騎車或是跳跳馬閃避障礙物抵達終點。
4. 請小朋友在過程中數數看經過了幾個障礙物，或是指定顏色如：綠色的三角錐。

難度調整

1. **路線複雜度**：轉彎的次數以及角度的不同。
2. **規則的複雜度**：只要閃避障礙物或是需要注意路途中經過的目標物數量。
3. **目標物的複雜度**：兩旁的障礙物顏色種類愈多愈複雜。

數數看一共路過了幾個綠色的三角錐？

調皮馬兒美容時間

調皮又好奇的馬兒一到達比賽場地就太興奮玩得全身髒兮兮，請小朋友幫忙一起把馬兒洗乾淨。請觀察看看每一匹馬身上污漬的形狀，並對照上面表格內的所需工具，將需要的清潔工具圈選出來。

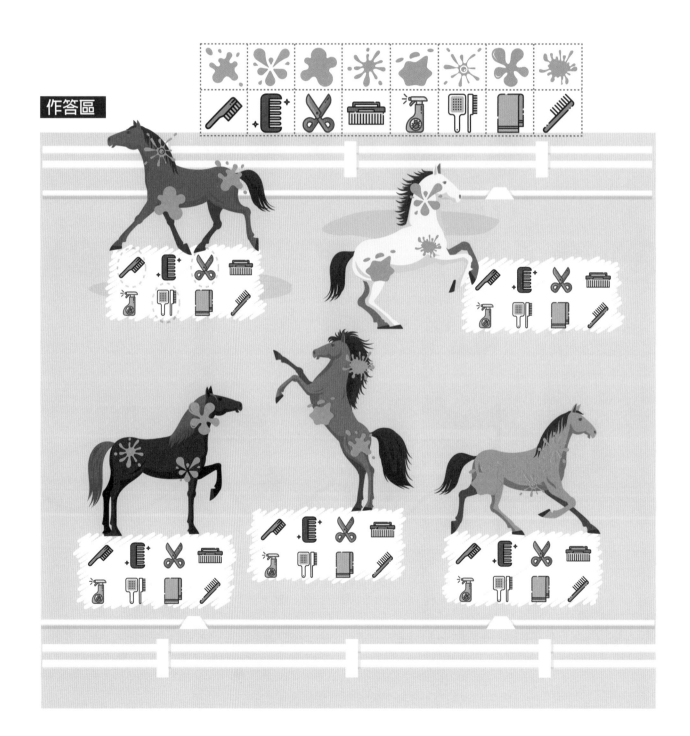

雷達圖分析

在此單元中會運用到較多的視覺搜尋以及區辨能力,每一個污漬的形狀極為類似,可以引導孩子花較多的時間在區分每個污漬的特徵,除了區辨外也須要對照轉移注意力的能力。

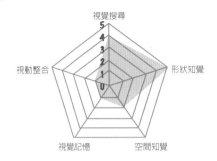

作答區

賽前準備──馬術

明天就要上場比賽囉！馬兒在馬廄裡打出暗號想要選手了解牠們的需求。請小朋友幫忙滿足馬兒的需求放鬆心情。請觀察馬廄上符號的形狀、顏色、順序，再對照右頁的表格，看看馬兒需要的是什麼，並回到左頁在門上把答案圈出來。

作答區

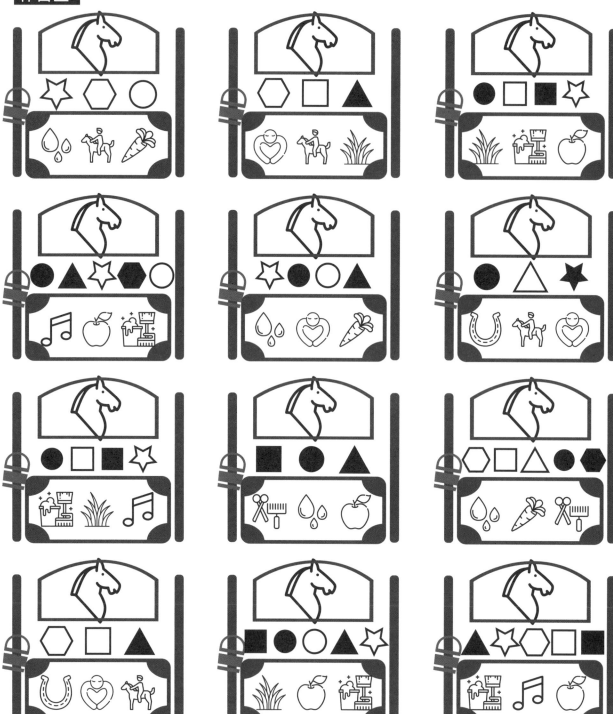

雷達圖分析

在這一單元中，需要大量的視覺記憶以及區辨能力，且過程中須要先區辨形狀、是否填色，以及順序等，最後再記憶到大腦內，對照表格後才能找出正確答案，因為需要耗費相當的能量以及專注力，建議本單元可視孩子情況分段完成。對於年齡較大或是技巧較純熟的孩子，可在孩子記憶後將題目擋住，減少提示的內容。

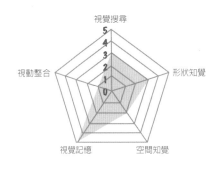

賽前準備——自由車

自由車選手在為自己的車子做最後的調整，請小朋友跟著上方教練指示的方向畫線前進，對應選手的號碼出發，並依照箭頭的方向各前進一格，把終點找到的工具圈起來，幫車子進行調整及校正。

1 → → → ↓ → ↑

3 → → ↑ → ↓ ↓ ←

2 ← ↓ ← ← ↑ ←

4 ← ↑ ↑ ← ← ↓ ↓

作答區

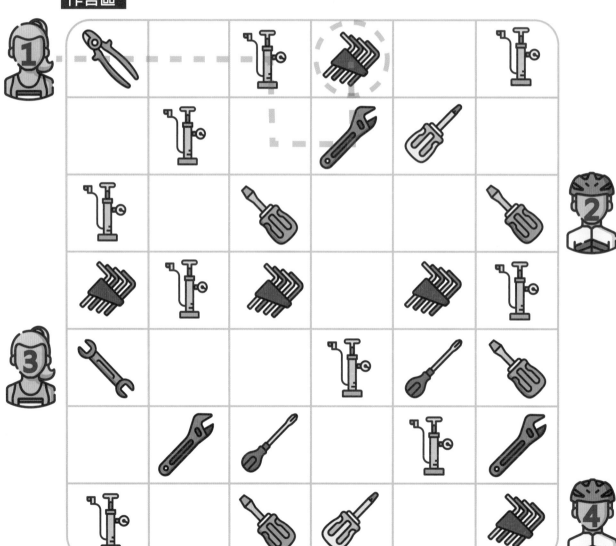

雷達圖分析

主要是訓練孩子視覺空間以及手眼協調的能力,除了辨認上、下、左、右的方向之外,也要同時參照題目給予的提示,才不會忘記自己目前做到哪裡。對於年紀較小的孩子,家長可以協助指出目前題目的進度讓孩子在注意力轉移的過程中可以簡單一些。

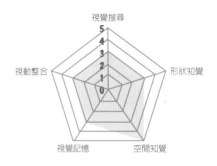

1 → → → ↓ ← ↓ →   4 → ↑ → ↑ → → ↑

2 ↓ → → ↓ ← ↓ →   5 ↓ → ↓ ↓ ← ↓ ←

3 ← ← ↓ ← ↑ ↑ →   6 ← ↓ ↓ ↓ ↓ ↓ ←

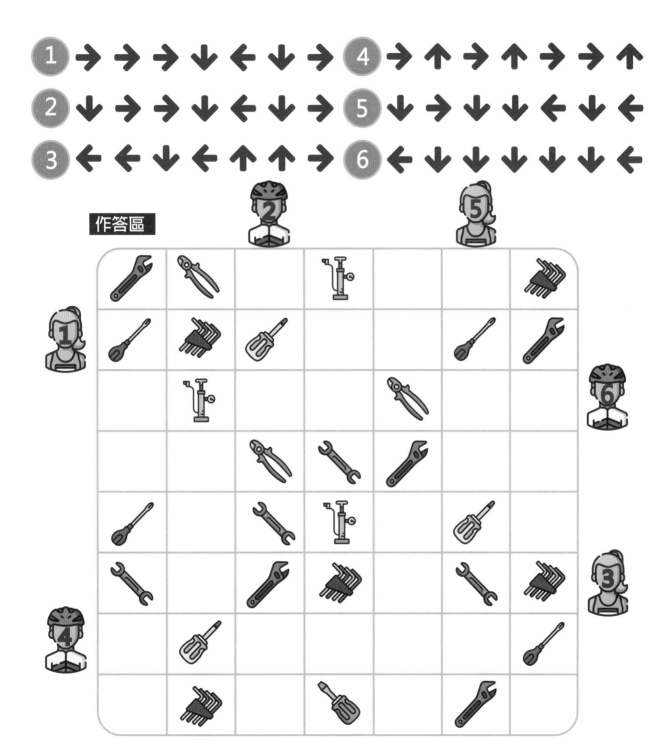

作答區

比賽開始——自由車

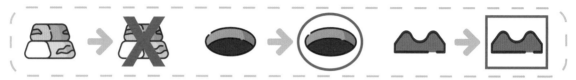

在越野自由車中路上有著各種狀況，選手做好萬全的準備但是天氣不佳，雨愈下愈大，選手的視線變得模糊，請小朋友幫忙，將地上的障礙物作記號來提醒選手們！請小朋友沿著選手準備行經的路線，將地洞圈起來、石頭打叉、凸起的土堆畫上矩形（需跨頁進行）。

提示：還不會畫矩形的孩子可以用塗黑的圓形替代。

作答區

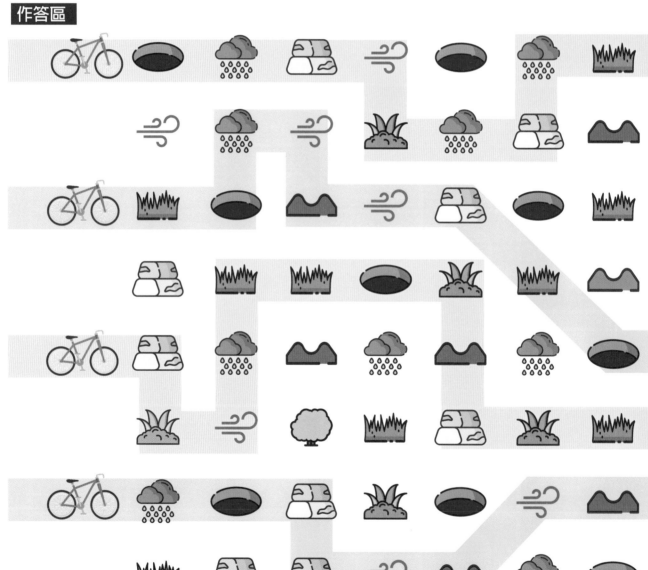

112

雷達圖分析

在這一單元中，對於追視以及形狀區辨的能力挑戰較大，規則的複雜度也較高，在引導完規則後可觀察孩子進行的方式，看看孩子是一次性的將三個規則圖形記住並畫對記號，或是一個路線分批進行三次，找出三種障礙。若是孩子覺得一次記住三種圖形指令較困難，則可以引導一次找一種障礙物就好。若孩子仍覺得困難，家長可帶著孩子的非慣用手一起沿著路線走，邊指邊作記號。

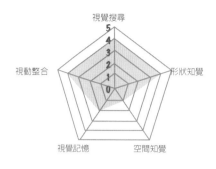

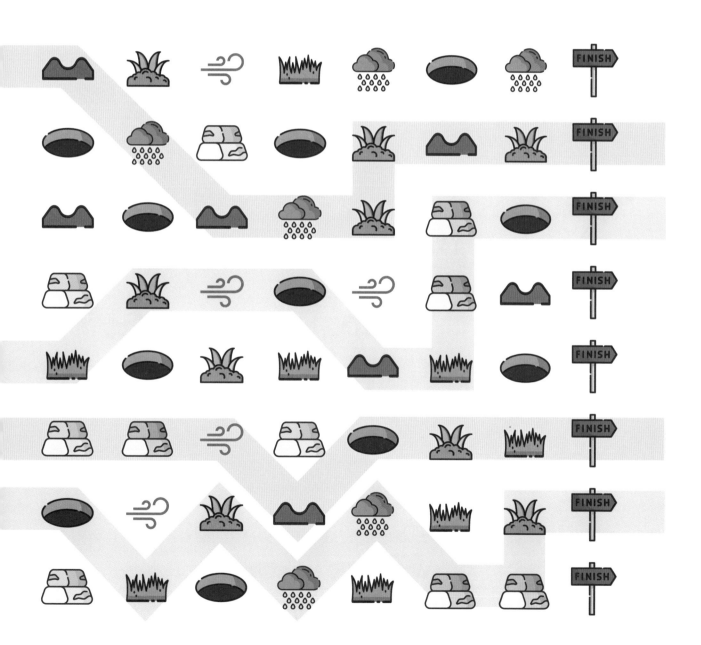

比賽開始，爭奪金牌吧！

為了展現馬兒美好的姿態，場地中每個地方都有指定的動作。但是教練在複習的過程中把地圖弄亂了，請小朋友幫忙整理好指示圖，讓選手跟馬兒完成比賽。左頁為題目區，右頁為作答區，請小朋友對應題目區上方的比賽圖示，在作答區找到相同的圖案，再將題目區內的圖形、數字、著色範圍謄寫/畫到作答區的地圖內。

114

主要訓練孩子參照和注意力轉移的能力，另外在謄寫的過程中，也需要挑戰到視覺記憶以及視覺空間的部分。在活動中可觀察孩子進行的方式，如果孩子覺得困難，可以提示孩子目前進行到哪邊，或是帶著孩子，一手指著題目另外一隻手作答。

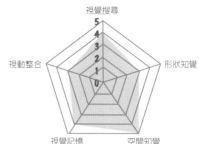

作答區

Part 9 射擊／射箭

10、25、50 公尺射擊／定向及不定向標靶

射擊／射箭與視知覺

在射擊／射箭的項目中，無論使用的工具為何，都會非常非常的大量使用到手眼協調的能力，且在不定向標靶的比賽中，更考驗了選手的反應速度。當然在日常生活中，我們很難讓孩子們真的使用到弓箭或空氣槍，但還是可以藉由移動中的傳接球或在移動中執行協調任務等等，很好的練習到相關的視知覺能力。

引導策略

若孩子在活動中感到較困難時，可以試試以下幾個方法：

1.簡化背景

若題目較為雜亂，可以先用白紙將還沒有要做題目遮起來。

2.漸進式協助

引導孩子先去觀察題目中的細節與答案間的關係，且可以視孩子理解狀況給予不一樣程度的策略提示。

3.善用工具

可以善用不同顏色的色筆或不同的符號（圈圈、叉叉、勾勾等）在題目上做記號，這樣可以在視覺上有較明確的差別。

活動難度

單元為難度較高的內容，適合六歲以上的孩子。但若較小的孩子有興趣且願意嘗試，也可以給予較多的引導來協助完成唷！

身體動一動

目標能力：提升視覺注意力、手眼協調能力、反應速度

準備材料

各種球類都可以拿來使用
箱子、桶子等各式目標物（固定式或非固定式都可）

遊戲方法

1. 使用道具去打擊氣球。
2. 使用球去連續打擊數個目標物。

難度調整

1. 簡單版活動

將氣球以棉線吊在懸空的位置，小朋友可以用手、球、球拍等道具去打擊氣球，看誰可以在 10 次機會中，打中在空中移動的氣球最多次。較小的孩子可以在每次氣球靜止後再次打擊，年紀較大的孩子，可以嘗試連續打擊。

2. 困難版活動

可以在牆上貼數個目標物，讓孩子同時在跑步或移動的狀況下，同步使用球去打擊目標後並接住球，且須連續做出動作。

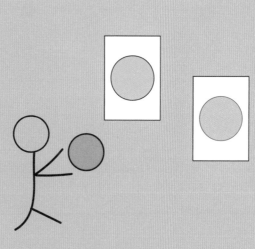

射擊比賽——選手的幸運物！

選手們有一個特別的習慣，他們參加比賽的時候，都會幫自己做一個幸運動物，可是小朋友你有發現嗎？這些選手們因為太累了，所以幸運動物的身上都少了一小部分的東西，請你們幫忙選手，把動物身上少掉的物件畫上去吧！

作答區

雷達圖分析

本單元會運用到雷達圖中所有的能力,並對於畫各種不同線條樣式要有一點的理解。家長可以引導孩子找出缺少的部分,並粗略的畫出來即可(易),也可讓孩子自行找到缺少的地方並畫出一樣的物件(難)。

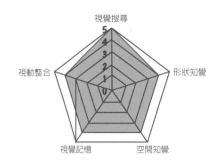

作答區

射擊比賽！

來自各國的選手現在要進行射擊比賽，看看誰的瞄準能力最強，能射得最準確！小朋友，請你協助一下有老花眼的裁判，幫忙比對靶上的射彈，把有射中的區塊打勾，這樣裁判才好計分！

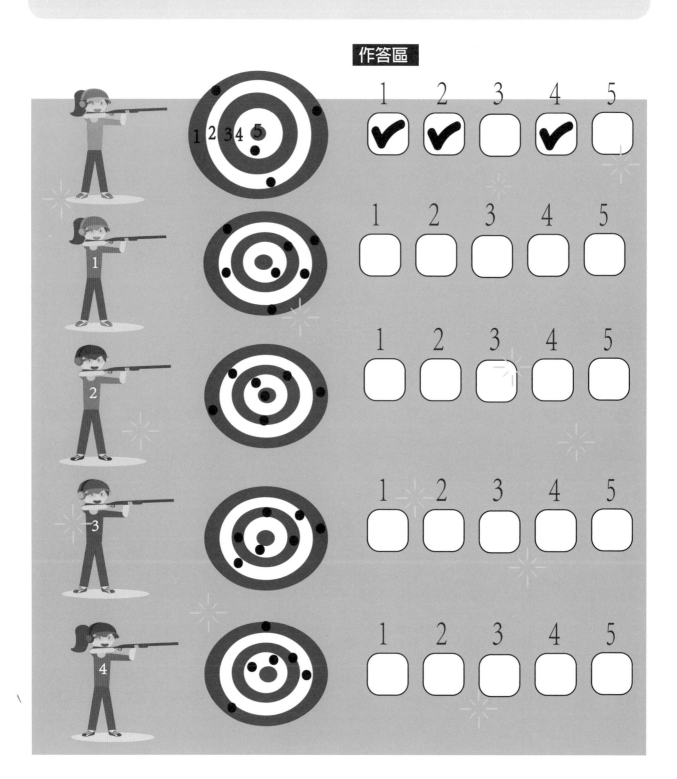

雷達圖分析

本單元運用視覺搜尋和視覺記憶的能力，同時須要記得每一圈
所代表的數字，才能在相對應的數字格中做記號。

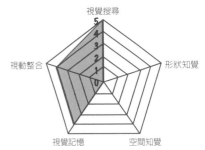

作答區

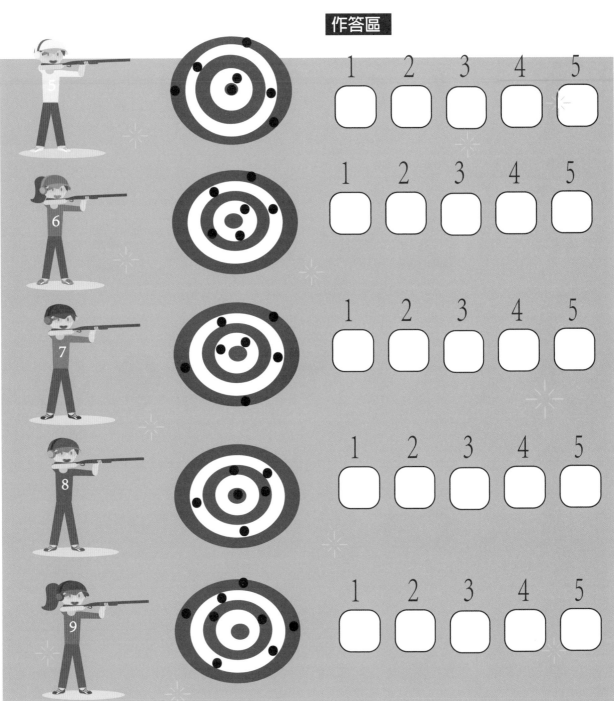

射擊開始——看誰射得準！

這一回合的比賽，要來看看哪位選手的記憶力最好，可以記得所有的任務，又可以照順序將任務圖形一一射中！而且只要依照對的順序將圖案射下來，就可以得到獎品唷！小朋友請幫忙每位選手記得他們的任務順序，並看看他們可以得到什麼獎品吧！

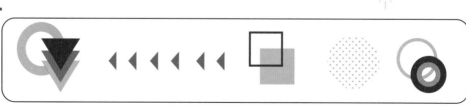

雷達圖分析

本單元運用到視覺順序記憶、視覺搜尋、形狀知覺及空間知覺等能力，小朋友需要先記住每個題目中的圖形順序，並在右側的答案欄中選出對的答案，但因答案中有相類似的組合，因此在辨認上會稍微困難。

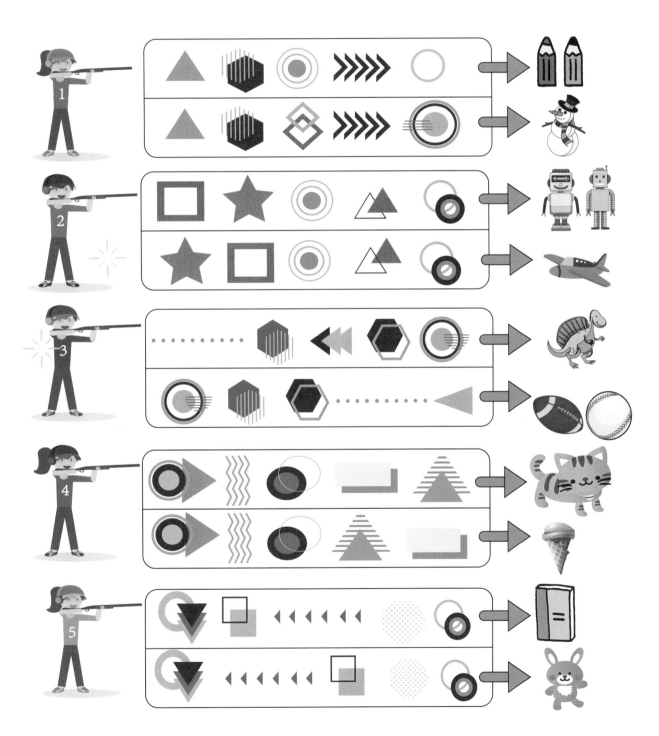

射擊開始——找找不一樣！

射擊比賽中最重要的就是要瞄準目標，才能得到最高分！但是這次的射擊題目有點難，小朋友請你替每個選手觀察在題目中的物品，哪一個跟其他不一樣，請將它圈起來，這樣選手才有辦法命中目標！

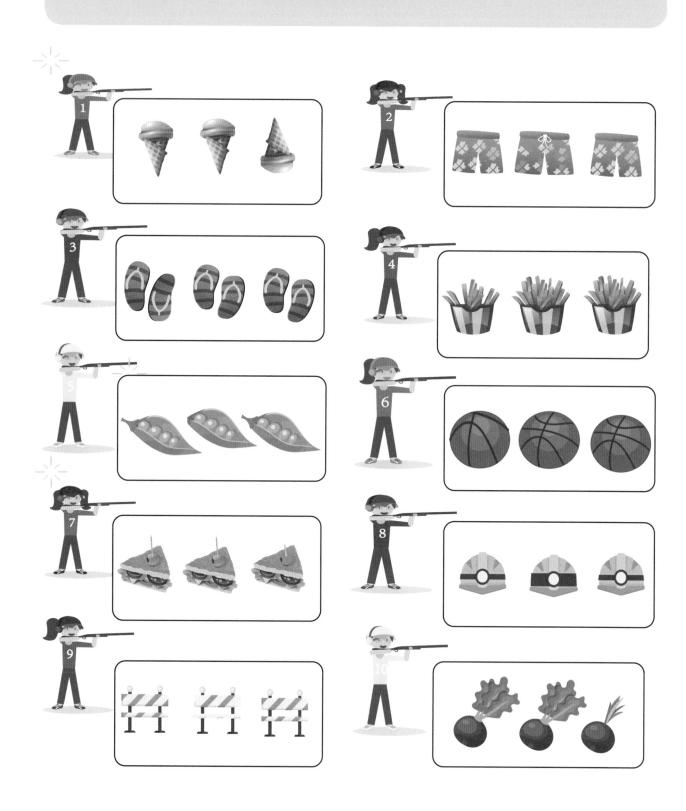

雷達圖分析

本單元主要運用視覺搜尋、視覺區辨、形狀知覺等能力，孩子
需要仔細觀察每個選項中有什麼不一樣的地方。家長可以提示
孩子不一樣的部位（易），或讓孩子自己去觀察，不給予提示
（難）。

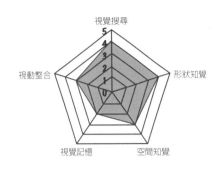

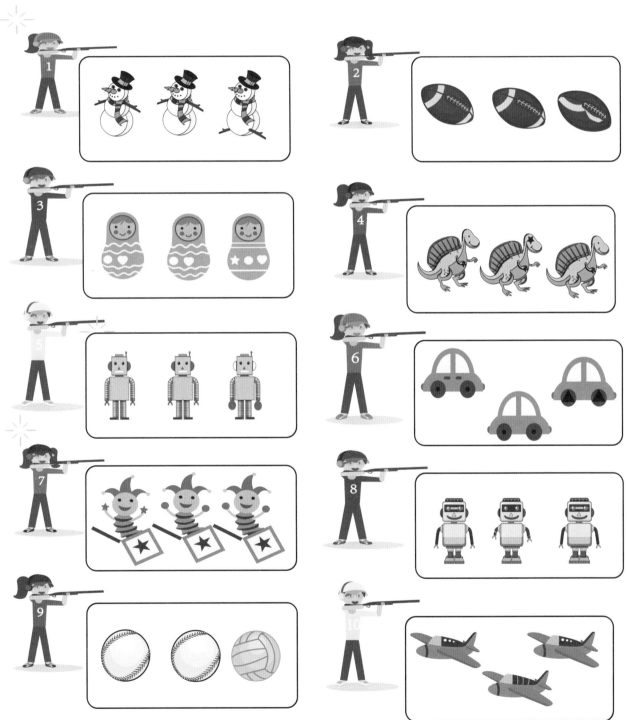

射擊比賽──選手們的郊外踏青！

選手們在參加比賽前，需要調整心情，因此教練們帶著各國選手來到森林裡踏青，以緩解緊張的心情。但這片樹林裡，藏有很多可以愛的小動物及昆蟲，牠們的偽裝能力都很厲害，小朋友請找到牠們並圈出來。

雷達圖分析

本單元會運用到視覺搜尋、形狀知覺、空間知覺等能力。家長可以引導孩子一排一排或區塊性的進行有策略性的尋找（易），也可以不給予提示，讓孩子自己完成（難）。

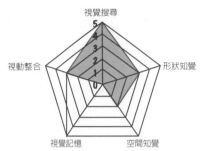

PART 1 拳擊／跆拳道

一. 調整裝備

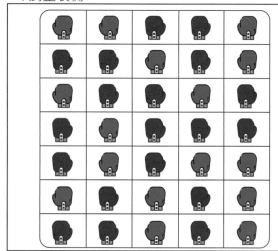
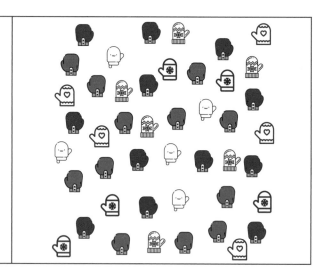

二. 暖身訓練

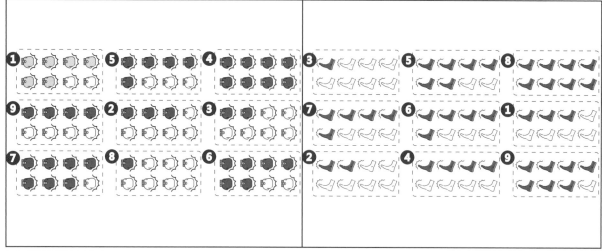

三. 選手們加油！

四.比賽開始 - 拳擊

五.勢均力敵 奮力一搏

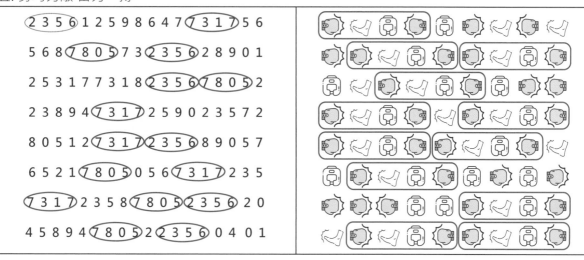

PART 2 水上運動

一.賽前心情站

二.花漾泳帽

三.游泳接力賽

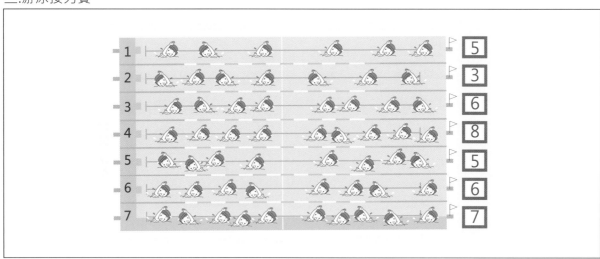

四. 水上芭蕾舞

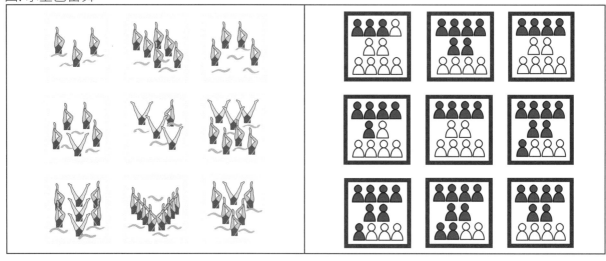

五.跳水競賽

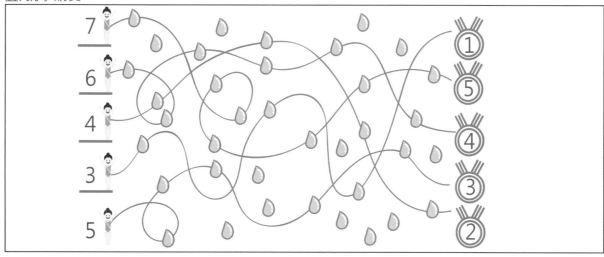

PART 3 田徑

一.障礙賽

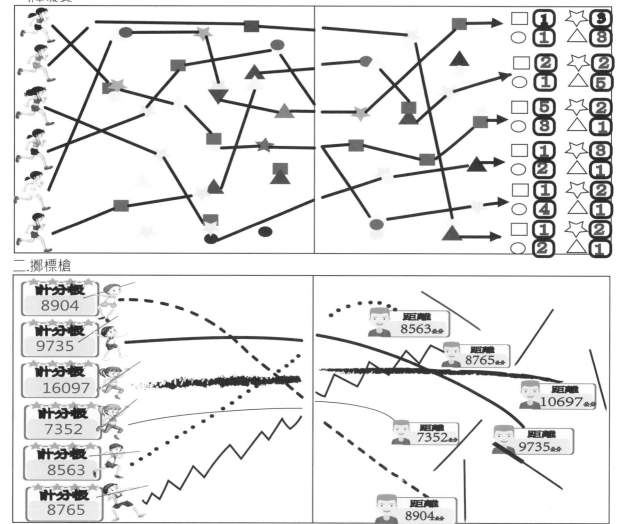

二.擲標槍

四.觀看馬拉松

五.馬拉松

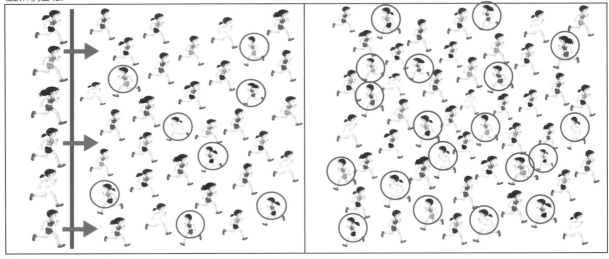

PART 4 綜合球類 / 足球 / 藍球 / 棒球

一. 選手更衣室

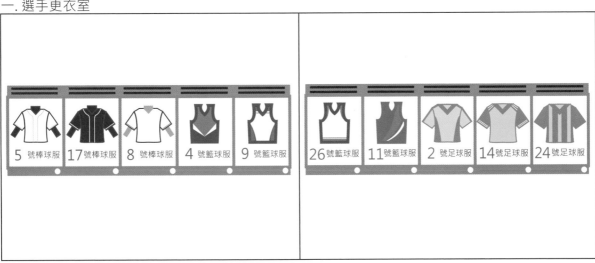

二. 25宮格球類大挑戰

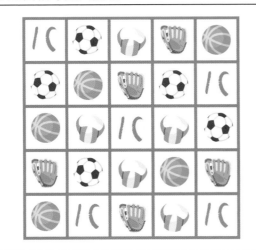

3	1	2	5	4
1	4	5	1	3
4	2	3	2	1
5	1	2	4	5
4	3	5	2	3

三. 來場全壘打

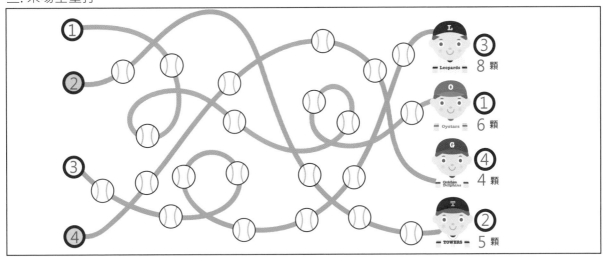

解答

四. 籃球對決

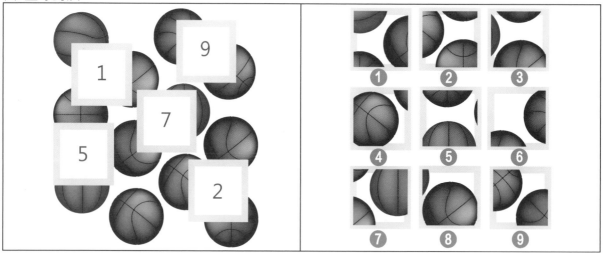

五. 足球彩繪家

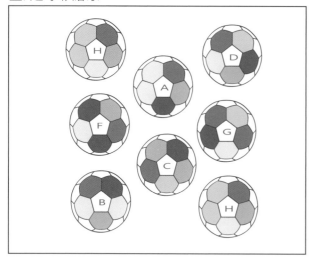

彩色解答

PART5 網球 / 桌球 / 羽球

一. 機場大混亂

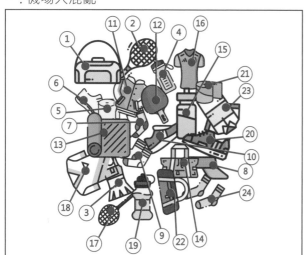

二. 暖身訓練 - 桌球

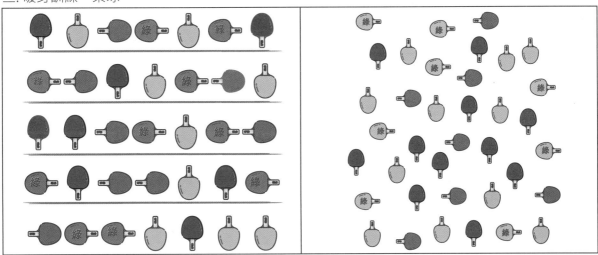

三.暖身訓練 - 網球

四. 暖身訓練 - 羽球

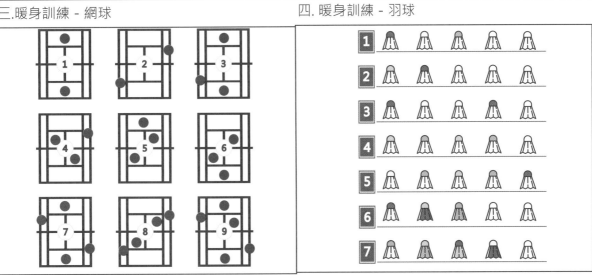

PART6 體操

一.選手一起來熱身.

二‧比賽順序

解答

三.地板體操

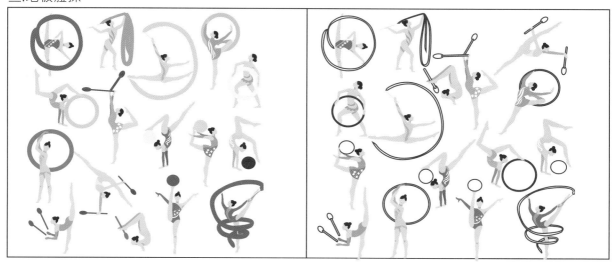

四.鞍馬項目

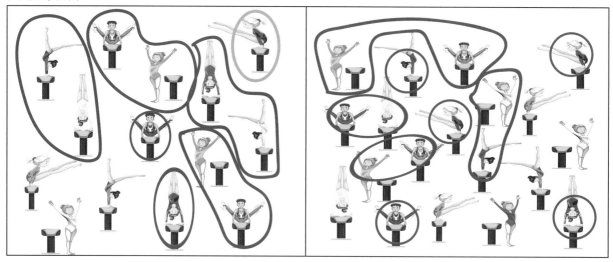

五.計分板

PART7 現代五項

一. 現代五項第一項-馬術

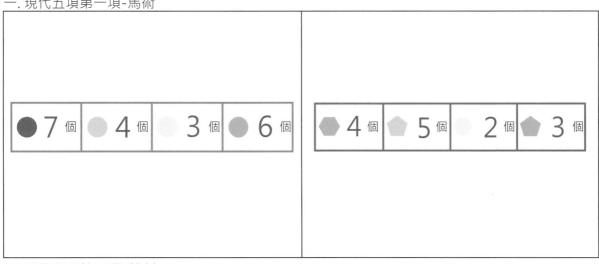

二. 現代五項第二項-擊劍

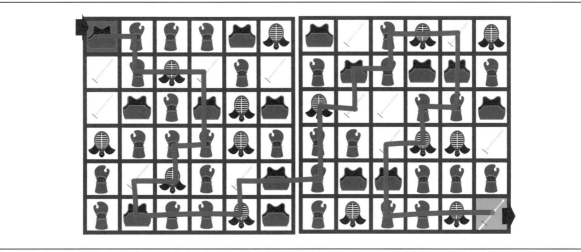

三.現代五項第三項-游泳

	⚡	⚡		⚡
👙	4	5	3	2
🩳	4	1	6	4
🎽	2	4	5	5
🥽	3	4	3	6

四. 五. 現代五項混合項目-賽跑與射擊計分表

	烏克蘭	義大利	俄羅斯	墨西哥	法國
	2	3	1	5	1
	1	4	3	4	3
	3	2	2	3	4
	3	1	2	2	4
	2	3	3	2	0
	1	0	2	1	1

烏克蘭　11:05
義大利　11:09
法國　11:04
墨西哥　11:14
俄羅斯　11:32

PART8 馬術／自由車

一. 調皮馬兒美容時間

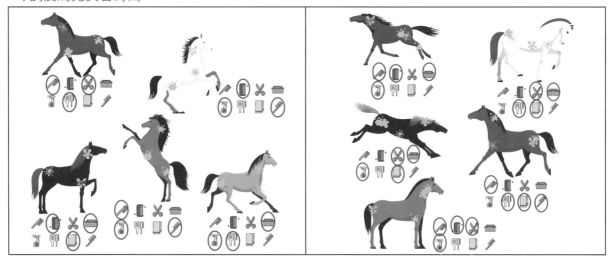

二. 賽前準備 - 馬術

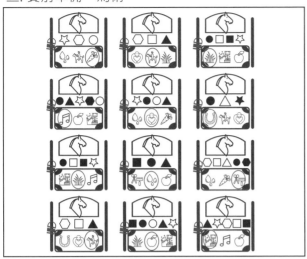

三. 賽前準備 - 自由車

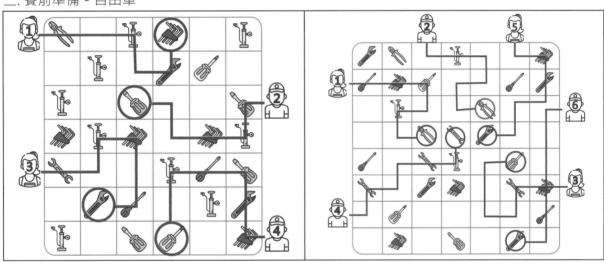

四. 比賽開始 - 自由車

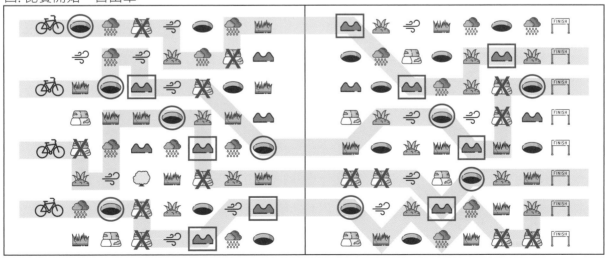

五. 比賽開始 - 馬術

PART9 射擊 / 射箭

一. 選手的幸運物 　（畫出與圈起來動物的樣子即可）

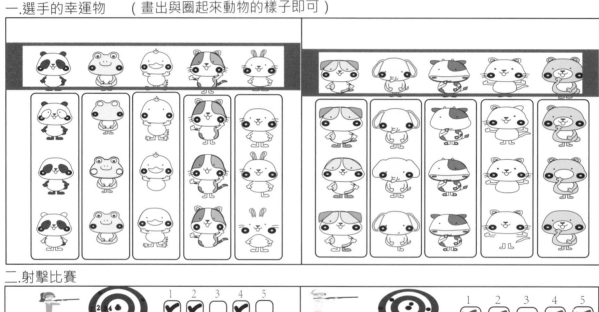

二. 射擊比賽

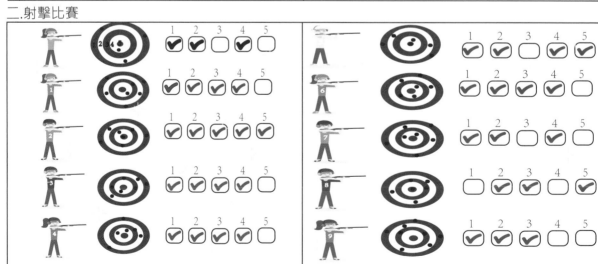

三.看誰射得準

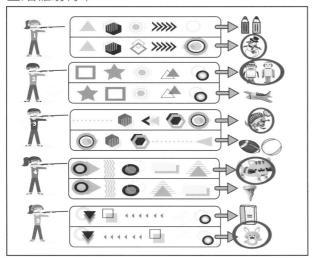

四.射擊比賽 - 找不同

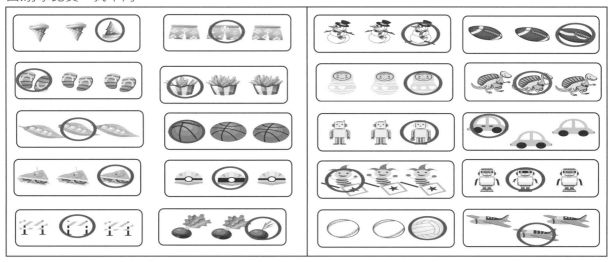

五.選手們的郊外踏青

視知覺專注力遊戲 2
45 個紙上運動遊戲，讓孩子更專注、更協調、更具空間感

作　　者／ OFun 遊戲教育團隊 柯冠伶 陳怡潔 陳姿羽 曾威舜
選　　書／陳雯琪
主　　編／陳雯琪
助理編輯／林子涵

業務經理／羅越華
行銷經理／王維君
總　編　輯／林小鈴
發　行　人／何飛鵬
出　　版／新手父母出版
　　　　　城邦文化事業股份有限公司
　　　　　台北市中山區民生東路二段 141 號 8 樓
　　　　　電話：(02) 2500-7008　傳真：(02) 2502-7676
　　　　　E-mail：bwp.service@cite.com.tw
發　　行／英屬蓋曼群島商家庭傳媒股份有限公司城邦分公司
　　　　　台北市中山區民生東路二段 141 號 8 樓
　　　　　讀者服務專線：02-2500-7718；02-2500-7719
　　　　　24 小時傳真服務：02-2500-1900；02-2500-1991
　　　　　讀者服務信箱 E-mail：service@readingclub.com.tw
　　　　　劃撥帳號：19863813
　　　　　戶名：書虫股份有限公司
香港發行所／城邦（香港）出版集團有限公司
　　　　　香港灣仔駱克道 193 號東超商業中心 1F
　　　　　電話：(852) 2508-6231　傳真：(852) 2578-9337
　　　　　E-mail：hkcite@biznetvigator.com
馬新發行所／城邦（馬新）出版集團 Cite(M) Sdn. Bhd. (458372 U)
　　　　　11, Jalan 30D/146, Desa Tasik,
　　　　　Sungai Besi, 57000 Kuala Lumpur, Malaysia.
　　　　　電話：(603) 90563833　傳真：(603) 90562833

插圖繪製／ Tienntone
遊戲繪製／ OFun 遊戲教育團隊（柯冠伶：遊戲 1、遊戲 5、遊戲 8；陳姿羽：遊戲 2、遊戲 4、遊戲 7；陳
　　　　　怡潔：遊戲 3、遊戲 6、遊戲 9）
封面、版型設計／徐思文
內頁排版／徐思文
製版印刷／卡樂彩色製版印刷有限公司
初版／ 2020 年 08 月 18 日　Printed in Taiwan
初版／ 2022 年 09 月 20 日初版 2.3 刷
定價 350 元
EAN4717702106065

Illustrations
Designed by Freepik, rawpixel.com, Pikisuperstar, macrovector, studiogstock, gstudioimagen, Ajipebriana / Freepik.
出自 Illust AC，圖片版權屬於 Illust AC 作者所有。
Designed by citrus839, Cranberry, SSSSSSS, YUN, kuuuu, acworks, teko, Kamyiru 等多位未署名之作者 from https://ac-illust.com/tw/
Icon
Icon made by Freepik, Smashicons, Eucalyp, itim2101, Linector, smalllikeart, Good Ware, Vignesh Oviyan, Google, Creaticca Creative Agency, photo3idea_studio, Flat Icons, surang, Those Icons, mynamepong, Nhor Phai, Gregor Cresnar, Nikita Golubev, Dave Gandy, Wichai.wi, Pixelmeetup from www.flaticon.com